# 达人迷

# 智能家居

## Home Automation
### for dummies
A Wiley Brand

U0229707

◎ ［美］ Dwight Spivey 著

◎ 邓世超 译

人民邮电出版社

北京

图书在版编目（CIP）数据

智能家居 / （美）斯皮维（Dwight Spivey）著 ；邓
世超译. -- 北京：人民邮电出版社，2017.7
（达人迷）
ISBN 978-7-115-45446-1

Ⅰ. ①智… Ⅱ. ①斯… ②邓… Ⅲ. ①住宅－智能化
建筑－研究 Ⅳ. ①TU241

中国版本图书馆CIP数据核字(2017)第097693号

## 版 权 声 明

- ◆ 著　　　　[美] Dwight Spivey
　　译　　　　邓世超
　　责任编辑　胡俊英
　　执行编辑　武晓燕
　　责任印制　焦志炜
- ◆ 人民邮电出版社出版发行　　北京市丰台区成寿寺路 11 号
　　邮编　100164　电子邮件　315@ptpress.com.cn
　　网址　http://www.ptpress.com.cn
　　北京市艺辉印刷有限公司印刷
- ◆ 开本：800×1000　1/16
　　印张：19.5
　　字数：434 千字　　　　　　　　2017 年 7 月第 1 版
　　印数：1 - 2 000 册　　　　　　 2017 年 7 月北京第 1 次印刷
　　著作权合同登记号　图字：01-2016-3952 号

定价：69.00 元

读者服务热线：(010)81055410　印装质量热线：(010)81055316
反盗版热线：(010)81055315
广告经营许可证：京东工商广登字 20170147 号

# 内容提要

智能家居是在互联网影响之下的物联化的体现。智能家居通过物联网技术将家中的各种设备连接到一起，提供家电控制、照明控制、室内外遥控、防盗报警以及可编程定时控制等多种应用。

本书是"达人迷"经典系列中关于智能家居技术的一本，通过简单易懂的描述，带领读者领略智能家居的风采。本书内容分为 5 个部分，共计 17 章，从理解概念和构成、室内智能化、户外智能化、打造符合用户需求的智能家居系统、技巧荟萃等 5 个方面介绍了智能家居的点滴精华。

本书适合任何对智能家居感兴趣的读者阅读，对于一些创客人员或者想要进入智能家居领域的创业者和投资者也是不错的参考指南。

内容提要

# 作者简介

**Dwight Spivey** 作为一名技术作家和编辑已经有将近 10 年的从业经验，但是作为真正的技术爱好者已经差不多有 30 年的时间了。他是 *How to Do Everything Pages, Keynote & Numbers*（McGraw-Hill，2014）、*OS X Mavericks Portable Genius*（Wiley，2013）以及其他众多技术书的作者。他的技术经验跨度很广，大体上包括 OS X、iOS、Android、Linux、Windows 操作系统应用、桌面版软件、激光打印机和驱动、颜色管理以及计算机网络等。对技术的挚爱让他发现了智能家居行业风靡全球的奥秘所在，本书就是在这种环境下诞生的。

## 谨以本书献给

爷爷、奶奶、爸爸、Faye 姑妈，以及 Preston、Winston、Frank、Larry、Kenneth 等一众叔伯们。

## 致谢

真诚地感谢我的经纪人——水边社的 Carole Jelen，还有邀请我撰写本书的 Wiley 出版社的 Aaron Black。

本书能够和读者见面离不开背后默默无闻、辛勤付出的人们，感谢大家的专业素养、无私奉献，以及对我的宽容。衷心感谢下列人员对我的大力支持：高级组稿编辑 Katie Mohr，项目编辑 Lynn Northrup，技术编辑 Earl Boysen，项目协调员 Sheree Montgomery，文字编辑 Debbye Butler。

最后，必须要感谢我的妻子 Cindy 和 4 个孩子 Victoria、Devyn、Emi、Reid 对我的宽容和忍耐。在撰写本书期间，错失了很多陪伴你们的美好时光，你们是我前进的动力。我爱你们。

# 前言

御风而行的乐趣也许只有小鸟和绑上自制的翅膀从悬崖上往下跳的傻瓜才能体会。人们认为飞来飞去只能是科幻和神话故事中才有的情节。1903 年，莱特兄弟研制的飞机在美国北卡罗来纳州的第一次试飞让梦想变成了现实。

计算机在家庭中出现一度只是科幻电影里才有的东西，直到几个年轻人在父母的车库里创造了 Apple I，情况才大有改观。电影《阿甘正传》里提到的那间小小的"水果公司"也发生了天翻地覆的变化。

同样，过去人们认为心灵传动只可能出现在《星球大战》里，但是昨天我还通过当地的光速交通站瞬移到了月球的秘密基地。抱歉，我入戏太深，读者不必在意这些细节……

我想说的重点是过去的科幻故事随着科技的进步往往都成为了现实。科幻小说中智能家居变成现实也只是过去几十年才发生的，但是它高昂的费用让很多平民百姓望而却步。直到智能手机（还是那家"水果公司"的事儿）的出现和日益普及的蜂窝网络改变了这一切。大家交流起来更方便了。因为智能手机和应用 App 的日益流行，衍生出了很多人们之前无法想象的 App 应用。今天手机不只可以用来打电话和发短信，人们还用智能手机（平板电脑）看电影、看新闻、查看天气预报、观看体育赛事直播和听歌，以及很多阿西莫夫都无法想象的事情。

Wi-Fi 网络和互联网也让智能家居系统的可访问性上了一个新的台阶：使用智能设备和应用 App 通过家里的 Wi-Fi 网络就可以远程控制家居设备完成很多家务劳动。你可以使用 iOS 或者 Android 设备调节家里的室温，设定个性化的照明场景，可以一边预热烤箱，一边在隔壁厨房做饭，甚至可以命令草坪机修剪草坪。上述情况只是当前智能家居应用的冰山一角。很荣幸能为你介绍这一主题。

## 关于本书

本书将向你介绍智能家居的革命性变化为日常生活提供了诸多便利。通过当前非常流行的远程控制方式，使用智能手机或者平板电脑通过家里的 Wi-Fi 网络和互联网就可以完成大部分日常的家务劳动。本书大部分内容是向你解释为什么需要使用智能家居系统，该如何做，以及你能做什么。本书还会向你展示用户可以使用智能化或者远程控制的方式完成的诸多任务，以及如何构建这些智能化任务的过程。此外我不只是介绍应用案例和技术，还会介绍当前智能家居市场主要的生产厂商和公司。

"达人迷"系列图书对于人们（包括我）学习和掌握流行的技术和其他能够提高生活品质的实用技能帮助很大。本书的风格也秉承了以前屡试不爽的方法。这一系列的图书曾经屡创佳绩，堪称传奇，我会尽量确保本书的风格和之前的书保持一致。你可以只挑感兴趣的章节随性阅读，也可以按部就班、逐页浏览。总之，本书主要是用来帮助你学习智能家居的，适合不同层次的读者阅读。

本书中的部分内容（比如由"●"引导的补充性内容和"技术内容"）之所以这样编排，是因为我个人认为还是很简洁的。不过不要误会我的意思，它们都是很有用的信息，但是略过不读也无伤大雅。

## 目标读者

亲爱的读者，你一定希望本书的作者具有一定的学识和阅历。我对你也一样，希望阅读本书的你拥有一定知识背景，从而更好地使用本书介绍的知识。

希望你熟悉互联网，并且至少掌握家里 Wi-Fi 网络的基本使用（我会情不自禁地这样想）。如果你对这些事情都一窍不通，那么强烈建议你在深入阅读本书之前做足这方面的功课，好好了解一下上述知识。我不要求你知道如何创建一个网站，或者掌握网络布线，甚或搭建一个安全性极好的网络。但是，你至少得知道如何上网冲浪以及如何将计算机、智能手机和平板电脑连接到 Wi-Fi 网络中。

如果现在你正纠结于什么是计算机和智能设备这类问题，那么我的建议是读完本段内容之后，可以先合上本书，然后到当地的书店（假如你不是在网站上阅读本书前言的）查阅介绍上述内容的"达人迷"系列图书，那么你应该很快就能弥补互联网和智能手机的短板。当你准备好了，我会在这里耐心地等你，然后带你领略智能家居的旖旎风光。

完成本书中的任何任务都不需要重新布置家里的电线和网线。

## 排版约定

本书中着重强调的部分是我在讨论相关主题时锦上添花的点缀，其中也可能是对某个主题的延伸，将分别使用如下图标表示。

看到这个图标时需要给予足够的重视。它们可以帮助你快速抓住文章要点，厘清谬误。提示信息还为你提供了一些不同的思考视角。

我知道很多人会使用智能手机的备忘录功能提醒自己不要忘记某些重要的事情。"达人迷"系列图书中的备忘图标和手机备忘录有异曲同工之妙。

当你看到这个图标时，需要当心了！在讨论相关主题时，这是一些和该主题相关的善意警告。比如如果某个特定的智能家居协议和读者家中当前采用的智能家居方案有冲突，我会使用警告标识告知读者的。

这是极客的挚爱。该图标相关的内容有可能是当前最时髦的智能家居技术。与此图标相关的主题内容有可能和当前章节讨论的内容关系不大，不过我情不自禁地就想与你分享它们。

## 延伸阅读

本书中介绍的内容已经非常丰富了，但是读者可以通过访问"达人迷"系列图书的网站了解更多。

## 阅读建议

我写本书的初衷是因为你——亲爱的读者。在学习智能家居时，既可以按部就班地逐章学习，也可以根据喜好有选择性地浏览其中的部分章节。换言之，学习本书不必拘泥于形式。不过，如果之前对智能家居技术一无所知，那么最好先从第一部分开始阅读，这样就为阅读后面4个部分打下了良好的基础。

智能化和支持远程控制的家居生活的确是让人欢欣鼓舞的。我敢保证，当你和家人在风情小镇共度良宵时收到家里割草机器人发来的短信，告知你草坪已经修剪好了，你一定会想：以人为本的科技真好。不是吗？

# 目录

# 第 1 部分
# 智能家居简介

## 内容概要

使用 Wi-Fi 和智能设备实现家居智能化

智能家居的优点

智能家居入门引导

明确用户在智能家居方面的实际需求

# 第1章

# 智能家居入门

**如**何让生活更美好？"

"如何把更多时间花在特别重要的事情上？"

"为什么科技公司的电视广告里不能加上点儿响指、鼓掌、木琴和尤克里里的声音？"

上述 3 个问题一直困扰着我，想必读者中也有感同身受的吧。不过我想也许只有前两个问题是人们在不久的将来能够实际去做些改善的。因此，本书的主题也会围绕它们展开。

人们为了发展，不得不工作，并且一直在研究让工作不那么费力的办法，因此发明了很多工具和技术来代替人力或者辅助我们工作。徒手播种怕把手弄脏？于是人类发明了犁，并让牛来代替人力完成繁重的犁地工作。不想在溪边用石头敲打衣物洗衣服？于是人类发明了洗衣机。不想带 10 个水罐去河边取水？那么挖沟铺设管道肯定是个好办法。人们一直在研究能够更好地完成工作甚至替代人力的办法。如果你问我怎么看，我当然是举双手赞成的。

智能家居使人们在追求美好生活的道路上又迈进了一步。有些人可能会嘲笑"智能化就意味着更美好的生活"这种想法，不过我敢打赌任何人在需要修剪草坪时，都不会拒绝使用燃油割草机或者电动割草机来帮助他们完成这项工作。我还敢打赌他们绝对会感谢自动洗碗机和冰箱给他们的生活带来的诸多便利。让生活变得如此美好都要归功于技术的进步。

# 1.1 什么是智能家居

如果让我来给智能家居下一个定义，那么会首先去查找组成这个概念（Home Automation）的两个部分是如何定义的，为此，我查阅了 Merriam-Webster 网站。

> **»** **Home（名词）**：某人生活的地方（如住宅或公寓）。
>
> **»** **Automation（名词）**：某种替代人力完成工作的自动控制机械设备或电子装置。

结合上述两个定义，可以初步给智能家居下一个定义，即在住宅内部完成某些可替代人力的自动控制系统。这听起来似乎很美妙，但实际并非如此。智能家居技术已经发展了很长一段时间，不过它真正开始腾飞，价格变得亲民，是始于互联网时代的到来。

也就是说，智能家居的理念非常超前。接下来，让我们看看智能家居过去的发展历程和当前最新的动态。

## 1.1.1 智能家居的"老式"做法

如果你问"智能家居是否有老式的做派？"答案当然是肯定的。

首先，请允许我阐明"老式"智能家居的含义：花费数千（甚至数万）美元来实现一套整体或局部区域（比如图 1-1 所示的娱乐室）的智能家居解决方案。

智能家居技术已经发展了不短的时间了，但是为什么其中某些技术更偏爱不差钱的客户呢？有以下几个原因。

> **»** 智能家居技术曾经是优质的专业服务，需要耗费大量的经费维护。
>
> **»** 安装智能家居系统往往需要进行繁重的重新布线等电气工作。
>
> **»** 持续支持和维护一套个性化的智能家居方案，一般代价很高（向来如此）。
>
> **»** 系统都是专门针对家庭进行深度定制的，因此造价高昂。

上述几条只是造成过去智能家居系统费用高昂的部分原因，类似的个性化智能家居整体解决方案即使是目前也是非常昂贵的。控制整个住宅内的照明系统直到最近才在家居市场出现。

此外，过去的智能家居方案能控制的范围被限定在了住宅内部，很少有支持远程控制的。某些智能家居技术，比如对讲机和车库开门器，它们的成本并不高，因此在住宅中很常见。不过它们只是特例，不能代表全部。

在结束本节之前，我想澄清一点，那就是我对整体个性化智能家居解决方案的看法是很准确的，并且目前有许多公司能够提供优秀的解决方案。

图1-1:
这个娱乐室太棒了，高端大气上档次，当然也造价不菲

图片由家庭娱乐公司提供

如果读者对这些特别的智能家居解决方案感兴趣，可以浏览相关公司的官方网站，了解更多梦想照进现实的智能家居案例。

## 自助安装一套智能家居系统

我敢肯定部分读者在读本书时会更得心应手一些（在此向您表示诚心的感谢），而且很有可能打算自己动手实施我之前讲述的整体的、个性化智能家居系统。但是在家里实施这样一项工程，需要花费的时间和精力是非常巨大的，而且成本并不会降低多少。如果读者真的希望亲自动手，我并不打算阻止，不过希望能够参考我之前提出的警告，要么请专业的公司为你安装处理，或者希望你多花点时间学习智能家居的有关知识，以免在安装智能家居系统时出现致命的错误和不必要的麻烦。

## 1.1.2 当前的智能家居技术

不知道读者的情况如何，不过大部分人赶上了智能家居的热潮，都可以享受智能家居技术带来的生活便利。总之，我们是幸运的。今天大部分人在家居生活中，至少某些方面可以享受智能家居技术带来的便利。因为这些不需要花费很多金钱，安装也非常简单。

本书的主要的目的是让用户可以简单地通过花费相对低廉的成本完成很多日常的家务工作。不仅如此，大部分操作还支持远程操作，这意味着用户甚至不需要在家里，就能完成很多繁重的家务劳动。

如今，用户只需要一套和互联网相连的智能家居系统和一台设备来控制它，比如智能手机、平板电脑（以下简称平板）或者一台 PC。当然，用户需要购买一套系统或者应用程序，它们使用的 Wi-Fi 网络也（甚至家用的电缆）非常便宜。

另外，目前的智能家居技术非常人性化，伸缩性极强，像去餐厅吃饭一样——丰俭由人。比如贝尔金的 WeMo 运动套件工具包（见图 1-2），用户可以从一个智能插座和运动探测器开始智能家居之旅，而且可以根据需要添加若干设备。

图1-2：
入门级用户可以使用贝尔金提供的这组套件开始探索智能家居之旅，而且可以根据需求增减设备

图片由贝尔金友情提供

# 1.2 智能家居的优点

智能家居的理念的确非常酷并且是未来的主流。不过如果读者只是认为智能家居可以让机器替你做家务，那么就会一叶障目了。的确，你可以通过点击iPhone中App的几个按钮打开家里的壁炉，好在朋友面前炫耀一番，不过智能家居的优点远远大于你向朋友吹牛的范畴。

## 1.2.1 方便是关键

方便其实是关键因素；否则智能家居的意义又在哪里呢？"家居"和"智能"两个词组合到一块，完美地描述了"多快好省"地替人做家务的要义，简单来说就是让人们的生活更方便。

想知道当前智能家居方便生活的案例？没问题，下面就来看看。

» 你十几岁的儿子通过朋友的手机打电话给你，说他把车钥匙和随身物品都锁在车里了。不过难办的一点是你离他有30分钟的车程。幸运的是你突然发现曾经在该车中安装了一个设备，可以通过智能手机远程解锁（甚至启动）汽车。通过在智能手机上轻轻点几下，你的儿子就可以回到车里了。太方便了！

» 朋友周末来之前需要修剪一下草坪，但是你因为工作繁忙，一周都需要在外地开会，目前你又滞留在机场了，现在可以马上拿出智能手机，打开机器人割草机的应用程序，并告诉它去修剪草坪。草坪也许在你下飞机前就已经修剪好了。简直太方便了！

» 当你和家人正唱着《冰雪奇缘》的主题曲 *Let It Go* 朝着迪士尼世界进发时，你突然记起3小时车程之外的家里灯没关，浴室的电子加热器还在运行着。你快速地掏出iPad，打开智能家居系统，关闭电灯和加热器的电源。恕我冒昧，我还要说：真是太方便了。

下面列举了一些你可以在当前的智能家居系统中远程操作的事务。

» 控制家中的温控系统。

» 控制自动喷水灭火系统。

» 在任何地方预热烤箱，比如 GE 的 Brillion 应用程序，见图 1-3（当然需要和支持的设备搭配使用）。

图1-3：
使用Brillion手
机应用控制微
波炉温度

图片由通用电气友情提供

» 解锁或锁定前门。

» 调高或调低窗帘。

» 改变咖啡壶的时间表。

» 启动洗衣机的洗涤或烘干循环程序。

» 清洁水族馆。

» 电视节目的分级，方便儿童观看。

» 家居电力使用情况监控。

>> 浴室漏水预警。

>> 不速之客非法潜入报警。

>> 清洁猫咪的猫砂。

如前所述，当前的智能家居系统提供的远程控制功能提供的便捷性是大部分人未曾体验过的。上面的列表只是冰山一角。

## 1.2.2  安全

生活中很少有能和安全相提并论的事情。因此，要让用户知道（至少感觉）自己是安全的，就必须使用特定的方法或者设备。今天基于互联网的智能家居系统就给了人们想要的那种安全感。

当然，家居安防企业已经存在了数十年，它们的表现令人敬佩。人们也需要保护个人隐私，这意味着安防技术不能滥用，需要掌握平衡。安全摄像头某些时候能够提供更好的安全性，不过它们的安装都造价不菲。依靠当今的技术，用户可以比以往任何时候都能提升家居的安全性。

>> 用户通过互联网可以随时随地查看 Wi-Fi 摄像头拍摄并记录家中的状况。

>> 运动检测装置可以记录家中的任意活动。

>> 智能门锁和安全应用，比如图 1-4 中由 Alarm.com 提供的示例，它支持用户解锁和锁定门窗，无论用户在家或者外出探亲访友。

>> 门窗传感器和智能手机应用协同使用之后，手机应用可以通过短信或者电子邮件的形式通知用户有不速之客潜入家中。

>> 用户可以随时随地通过互联网控制家中的照明系统，造成从外部看起来有人在家的假象。

上述示例只是基于互联网的智能家居系统和设备，保证用户个人和家居安全的一小部分内容。

## 1.2.3  价格亲民

迟早都必须回答用户最关心的问题，那就是"钱"。现在应该是一个好的时机。

图1-4:
手机应用和智能
锁协同工作,保
护用户的家居
安全,并及时
预警用户

图片由Alarm.com友情提供

当前基于互联网和网络的智能家居技术比以往的整体的、个性化智能家居解决方案在价格方面更亲民。这两种智能家居路线的费用差价可以说是一个天文数字(我的意思是前者可以低至数百美元,而后者可以高达几千甚至上万美元)。当然,总的开销取决于用户到底想要做什么,费用的差距是非常明显的,即使采用了基于互联网和网络的解决方案也是如此。

使用整体的个性化智能家居方案完成同样的功能,在初期,人力和技术的投入都是非常巨大的。

下面是当代智能家居技术能够为用户节省费用的办法。

>> 也许省钱效果最明显的办法是控制照明成本。使用当前解决方案,用户可以更精确地控制照明设备的使用。

- 在智能手机或者平板电脑的屏幕上创建一个快捷键，作为灯的开关。

- 创建一个照明调度系统，方便在预定时间内打开或者关闭光源。

- 将照明系统和运动传感器关联，当有人出现时，灯打开，人离开之后，灯熄灭。

- 照明系统根据房间的其他照明条件设定光源的亮度，比如阳光直接穿过窗户照进房间里面或者白天的特定时段等。

- 智能的低瓦数 LED 灯泡，比如 INSTEON 的 2672-222（见图 1-5），它可以提供和瓦数较高的标准灯泡一样的亮度。

- 智能的 LED 灯泡比一般的灯泡使用寿命长很多，不需要频繁替换，间接节省了购买灯泡的费用。

- 智能 LED 灯泡发热量低，所以还会节省家中调节室温的费用。

» 漏水检测可以防止高水费，也减少了漏水造成的破坏。

» 保持家中的温度在某个指定范围，可以节省温度调节产生的费用，此外远程开启或者关闭恒温设备也能节省不少。

图1-5：
智能LED灯泡
更经济耐用

图片由INSTEON提供

» 可以为用户省精力，不必亲自回家，比如用户外出时忘记锁门。只需要在智能手机上打开相关应用，就可以一边开车一边把门锁上了。

» 机器人割草机可以节省使用燃油的费用，因为它是用电驱动的。

一旦用户以这种聪明的方式使用智能家居系统，那么节省的费用和付出的代价相比是不言而喻的。

# 1.3　智能家居技术简介

与计算机和其他电器设备一样，智能家居技术的发展日趋成熟。现代计算机技术的发展可谓日新月异，人们甚至利用它来创作和聆听音乐。互联网的出现，使得智能家居走入寻常百姓的生活。

## 1.3.1　智能家居技术动态

过去数十年，智能家居技术取得了长足的进步。智能家居使用的特定通信协议（其中大部分目前仍然很活跃）生命力十分顽强，其中有些协议历史悠久，而且目前还保持了一定的市场份额，应用广泛。

过去的整体式智能家居解决方案是通过壁挂式控制面板和遥控器来管理系统的。

当前的整体式智能家居方案做了不少改进，集成了基于互联网和网络的通信方案，使用户和家居系统的联系更紧密。用户可以使用智能手机和平板电脑远程控制家居系统。该系统一般都是为用户量身打造的，因此可以根据用户需要将家居中的任何事务纳入到智能家居系统中。

基于互联网和网络的模块化智能家居解决方案支持手机 App 和浏览器 Web 方式访问，由于它物美价廉、方便、扩展性强，因此席卷了整个市场。

受到追捧的另外一个因素是它的易用性。随着智能手机和平板电脑的日益普及，其中大部分设备使用的操作系统是 iOS 或者 Android。智能家居系统支持用户通过非常熟悉的方式（通过手机或者家庭网络）购买产品。用户对于如何操作智能手机或者平板电脑已经驾轻就熟了，智能家居产品的使用和它们非常类似，因此学习曲线非常平滑，用户上手非常容易。

## 1.3.2　当前智能家居采用的网络协议

协议是指某种技术的一组规则或者标准，用来确保稳定性。比如计算机网络使用协议实现不同设备间的通信，并且这些协议是跨平台的。智能家居借鉴了类似的理念，目标是确保中央控制系统能够控制不同的智能设备。

TECHNICAL
STUFF

当前很多公司的智能家居系统中采用了多种协议，以确保兼容大部分设备。

接下来看看当今比较流行的智能家居系统采用的协议。

## X10

图片由X10.com提供

X10诞生于20世纪70年代，差不多和作者同龄。从这一点来说利弊参半吧（我猜和我本人的经历相仿）。下面是读者应该知道的和X10相关知识。

>> X10原本的设计目标是使用原有的家用电缆与设备进行通信。

>> X10目前也有一个无线通信组件，不过和市场上同类产品相比略逊一筹。

>> X10原本的设计目的是在没有其他信号和通信协议在家居环境中使用的，因此它和其他协议相比，安全性要低一些。

TECHNICAL
STUFF

前往WWW.X10网站，可以了解更多该协议的详细信息，以及支持该协议的设备。

因为电线的功能比过去多了很多，而X10历史悠久，所以和当前某些设备的兼容性不佳。事实上，如果读者是初次接触智能家居，而且以前从未接触过X10技术，那么可以忽略它，直接了解那些新的协议。

## UPB

图片由电力线控制系统有限公司提供

统一电力线控制总线（Universal Powerline Bus，UPB）由电力线控制系统有限公司（Powerline Control Systems，PCS）于 1999 年推出。和 X10 类似，UPB 是使用现有的电力线进行工作的，不过和 X10 不同的是，它在传输信息时非常稳定。UPB 可以说是另一款 X10，不过这不一定是好事，因为它不支持无线通信。毋庸讳言，在选择符合用户需求的智能家居协议列表名单中，UPB 应该不是首选。

## Z-Wave

图片由Z-Wave基金会提供

Z-Wave 是目前智能家居领域最流行的协议之一。它是 2007 年人们专为智能家居设备而制定的标准。全球超过 200 家公司采用了该标准。它的应用前景非常广阔（随着智能家居市场不断增长而增长）。和 Z-Wave 有关的信息如下。

>> 支持 Z-Wave 协议的产品之间能够无缝集成，协同工作。除了厂商之外，Z-Wave 相关的衍生产业的前景也是非常广阔的。

>> Z-Wave 设备的功率非常小，所以如果它们是电池供电的，那么它们的续航时间会大大超出用户的预期，有些产品的续航时间甚至是以年为计算单位的。

>> Z-Wave 是采用网状网络进行通信的，也就是说数据包根据网络的情况，从一个节点依次传送到多个节点，最终到达目的地。

详细介绍 Z-Wave 标准相关内容的网站，界面非常华丽，内容也很酷炫，如果读者打算购买 Z-Wave 的相关产品，可以到这个网站上逛逛，它一定会让你流连忘返的。

TECHNICAL
STUFF

Z-Wave 目前属于 Z-Wave 基金会，它在开发符合 Z-Wave 标准的产品方面做了很多有益的工作。如果读者对开发 Z-Wave 产品感兴趣，可以浏览它的官方网站了解详情。

ZigBee

图片由ZigBee基金会提供

和 Z-Wave 类似，ZigBee 是智能家居中使用的另外一款相对较新的协议，目前它在市场上也有一定的占有率。下面是一些有关它的趣闻。

» ZigBee 是由美国电气和电子工程师学会（Institute of Electrical and Electronics Engineers，IEEE）牵头起草的，该学会也是计算机和智能设备中使用的网络协议规范的制定者。

» ZigBee 基金会的宗旨是推广 ZigBee 协议，该基金会是由对推广 ZigBee 感兴趣的企业、大学和政府机构组成的。

» ZigBee 使用网状网络实现设备间的通信，这意味着该设备组成的智能家居网络覆盖范围会随着用户增加设备而增强。

感觉上面内容还不够丰富？可以前往 ZigBee 的官方网站进一步了解 ZigBee 的更多信息。

WARNING

ZigBee 非常流行，不过在购买相关产品之前需要注意是，最好购买同一厂家的系列产品，不同厂家生产的 ZigBee 产品之间兼容性有待商榷，因为不同公司之间并没有遵循统一的标准研制 ZigBee 产品。

## INSTEON

INSTEON®

图片由INSTEON提供

INSTEON 是由 SmartLabs 有限公司于 2005 年起草的。因此它相对来说也是智能家居市场的新玩家。下面是一些和 INSTEON 有关的要闻。

» 由于 INSTEON 属于 SmartLabs 公司，因此其产品线整齐划一，各个产品之间能够无缝协作。

» 该公司宣称 INSTEON 的智能家居产品超过 200 种之多，其中包括：

- 智能灯泡；

- 智能开关和调光器；

- 运动传感器；

- 恒温器；

- Wi-Fi 网络摄像机；

- 智能消防装置。

品类繁多，让人眼花缭乱！

INSTEON 的很多产品采用了双频带通信技术，它可以通过家中的电力线和射频（radio frequency，RF）进行通信，这大大提高了通信效率。

## Wi-Fi

图片由Wi-Fi基金会提供

智能家居中最新的通信协议是 Wi-Fi。很明显，Wi-Fi 技术的诞生已经很久了，并且人们日常使用的笔记本、智能手机和平板电脑多年前就已经支持 Wi-Fi 了。

但是，直到最近这几年，智能家居厂家才推出了支持 Wi-Fi 的产品。下面是一些智能家居中关于 Wi-Fi 技术的内容（好坏参半）。

» 很多人家里面已经有 Wi-Fi 网络了，所以不需要再额外购买独立的 Hub 来管理智能家居设备。

» Wi-Fi 的速度也许很快。这里说也许，是因为 Wi-Fi 网络的带宽是有限的。如果用户的智能设备和其他设备（比如智能手机、平板电脑、笔记本、游戏手柄、电视机等）共享 Wi-Fi 带宽，那么用户管理智能设备的体验将会是非常糟糕的。

» Wi-Fi 设备是耗电大户，因此用户不能放心地使用电池作为 Wi-Fi 设备的供电设备，它用电的速度是非常惊人的。

Wi-Fi 联盟是各大公司为了发展和支持 Wi-Fi 技术而组成的全球组织。该组织还是在星巴克和书店中随处可见的 Wi-Fi 商标的设计者。希望了解该组织和 Wi-Fi 技术的更多信息，可以前往网站了解 Wi-Fi 技术。

# 1.4  智能家居技术展望

上述协议之间各有利弊。对于它们自身来说，协议之间是无法很好地协同配合工作的。为此，诸如苹果和 Revolv 公司已经意识到了这一点，并且希望通过创建能够控制大部分智能家居协议的环境，并尝试将所有设备集成到统一的基础架构中来解决这一问题。如果希望进一步了解与之相关的信息，可以参考本书第 14 章。

# 第2章

# 准备工作

机遇只偏爱有准备的人，机遇来临时并没有任何预兆，除非你为此已经准备好起飞的"翅膀"。

假如女友已经答应了你的求婚，那么接下来会发生什么？也许很少有人为此准备的"翅膀"仅仅只是在马上要结婚时去找当地的神父主持婚礼。在大多数情况下，新晋为未婚妻的女友会立即去做（在她认识的所有女性朋友的帮助下）准新娘应该做得事情：挑婚纱、找接待宾客的餐厅、选择面包店、订花、发请帖、找表演节目的艺人等，不一而足。当她准备踏上红地毯之前，会对所有能想到的事项再三检查，以确保万无一失。你的新娘为此劳心劳力地准备，丝毫不亚于准备一场盛大的游行表演，不过这也是你从结婚到现在虽然过去了30年，但仍然记忆犹新、无比怀念的原因之一。

现在把场景切换到学校，为孩子第一天上学做些准备是很有必要的，特别是有多个孩子的家庭。学校已经列了长长的清单，其中是要求家长为孩子准备的物品。为了达到清单上稀奇古怪的要求，你向其他学生的家长打听消息。当然，孩子的老师已经列出了学校为教学而提供的最稀有物品。无论如何，当你回家时，为开学第一天购置的所有物品已经准备齐全，那感觉一定棒极了！

如果读者觉得"翅膀"合您的胃口，那么也许会让读者失望了，不过我仍然鼓励你继续阅读本章。你可能会发现一些比较难懂的地方，不过这也正好成为构建符合你需求的智能家居系统做好准备的契机。

# 2.1 美好的无"线"生活

读者应该对下面的场景并不陌生：在使用计算机（不管是台式机还是笔记本）时，必须使用一根网线才能连接上网。在 Wi-Fi 没有流行起来之前，上述场景应该是司空见惯的。虽然你可以快速地传送文件到服务器、收发邮件、上网冲浪，但是却需要受限于网线，被固定在了某个位置。

虽然 Wi-Fi 的网速较慢，但是仍然能够为人民接受，得益于物美价廉的笔记本的普及，不过只有智能手机的出现才使得它出现爆发式的增长。当乔布斯第一次向世人介绍 iPhone 时，该手机连接互联网的唯一方式是无线的，你应该会马上意识人们的交流方式，乃至生活方式将会迎来一场革命。虽然目前大家在家居生活中并不能完全实现网络的无线化，你也会理所当然地认为，无线网络会使生活更美好一些。

当前大部人在家里通过 Wi-Fi 上网时是使用一个无线路由器（见图 2-1）实现的。人们可以在家里随意走动，并且不需要数据线（如果使用蓝牙耳机，耳机的数据线也可以省去）就可以通过智能手机在线播放音乐。

图2-1：无线路由器，比如Apple的Airport Extreme（上面）和思科的Linksys（下面）WRT 1980AC，能够最大限度地满足家居上网需求

上面：图片由Apple提供。下面：图片由Linksys提供

## 2.1.1　网络负载规划

无线网络就像其他兢兢业业、默默无闻的人们一样，承担着如此繁重的工作。幸运的是，路由器能够承担如此繁重的工作负荷，得益于高带宽的支持。带宽，通俗地说，就是单位时间内网络设备可以传输信息的量。

在当前的家居环境中，无线网络正面临考验。一个单一的家庭无线网络需要承载的设备越来越多。

&raquo;　当前家中有多部智能手机的情况越来越普遍，而且往往这些用户并没有打算从他们的电信服务商那里购买不限制流量的手机套餐服务，而是希望手机使用家中的 Wi-Fi 实现网上冲浪，以及其他基于互联网的应用。

&raquo;　家中的多个平板电脑设备会大大加重无线网络的工作负荷，而且这些平板电脑设备访问互联网唯一的方式就是无线访问。

&raquo;　在家中存在多台笔记本的情况下，也会严重影响无线网络的正常工作。

&raquo;　其他设备，比如 Roku 流媒体播放器（见图 2-2）、Apple TV、谷歌的 Chromecast 等，这些设备的存在对你的无线路由器来说都是"鸭梨山大"的。你的孩子也许正在他的房间里看一部迪斯尼电影，而你的配偶与此同时在观看新一季的《唐顿庄园》，同时你也许正在一款大型网游中埋头苦干着。上述活动都会使得家中的无线网络超负荷运转。

图2-2：
流媒体设备
Roku 3，它对
无线路由器是
个不小的考验

图片由Roku有限公司提供

## 网络故障诊断

如前所述，家中的无线网络为了满足用户的需求，已经疲于奔命了。现在新引入的智能家居系统将会给家中的无线网络造成额外的负担。不过请理解，我说的情况并不能代表所有的情况，也许用户并不需要操心无线网络的事情。你可以将手头所有的智能家居设备添加到网络中，并且忽略这一做法带来的网络延迟问题。从另一方面来说，也许你只添加了一台设备到网络中，但是发现它却不可用（不用怀疑，凡事没有绝对）。

如何诊断家中网络负载过大的问题呢？如果出现下面的情况，就需要当心了。

>> 很简单，你上网冲浪时，页面打开速度比以前慢了。

>> 网络越来越不稳定，观看在线视频时，出现了明显的卡顿，或者将文件发送到另外一台电脑时，所花费的时间比以前更多。

>> 完全无法上网。

在添加新设备之前，最好测试一下网络中设备之间的传输速度以及浏览网页的速度。添加新设备到网络中后，重复上述测试。如果两者测试结果差异不大且网络运行良好的话，那么可以放心地添加该设备。如果测试结果差异很大，那么新添加的设备很有可能就是罪魁祸首。移除新添加的设备，看看网络能否恢复正常运转。如果真的是新添加的设备造成的，那么你需要增加网络带宽，才能让新添加的设备正常工作。

在安装智能家居设备时，你也许会碰到另外一个问题，那就是网络信号不佳。比如你将设备放在一个不能很好地接收无线信号的位置。在这种情况下，该设备可能会因为信号不好而无法正常工作。

## 网络扩展和增强

如何处理上述问题呢？特别是你执意要在家里安装智能家居系统的情况下。下面是一些可行的建议，以供参考。

>> **更新换代你的无线路由器**。如果你现在用的路由器是山寨残次品，那么更新换代无疑是最好的选择。

>> **重新摆放路由器的位置，尽量把路由器放在比较高的地方**。当前路由器所处的位置有可能不利于发射信号。找一个不同的位置安放，最好是在房间的中部，可以缓解信号不良的问题。

>> **添加第二台路由器（或者接入点）**。如果换了新的路由器并移动了安放位置之后，仍然没法满足你的需求，那么可以再添置一台新的路由器做中继（接入点），通过以太网电缆将两台路由器连接，那么你的问题也就迎刃而解了。

>> **买一个无线网络中继器**。无线网络中继器（见图 2-3），顾名思义，就是无线网络信号增强设备。在空间比较大的家居环境中放置一两个这样的设备，无线信号弱的问题就不存在了。不过需要注意的是，这些设备并不总是能够如你所愿地正常工作，因为它们收发信号的频道是相同的。

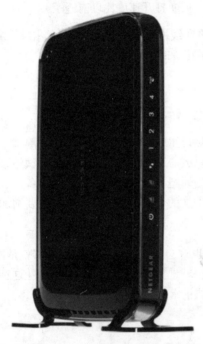

图2-3：
无线网络中继器，比如美国网件N600，它可以帮你大幅度增强Wi-Fi信号

图片由网件公司提供

## 2.1.2　审慎添加新设备到网络

或许你还不知道，互联网也不是固若金汤、牢不可破的，它也存在不少安全性问题。很多人认为自己在互联网上是匿名的，他们的智能家居系统也是私密性很好的，但遗憾的是事实并非如此。有些不怀好意的坏人在网上伺机作乱，甚至会利用网络漏洞窃取你的机密信息，给你造成不必要的损失。他们会神不知鬼不觉地潜入你的生活，让你无法高枕无忧。

你知道那些黑客在你家附近就可以访问你的 Wi-Fi 网吗？你家的无线网络信号强度如果足够，他们甚至可以坐在与你家邻近的街道上的卡车里，访问你的 Wi-Fi 网络，肆意妄为。

他们甚至可以直接绕过路由器的限制，使用设备直接访问你的无线网络。这些黑客甚至可以看到你的摄像头或者监控设备的信息。你一定听说过得克萨斯的一对夫妇发现黑客利用安装在婴儿房的摄像头偷偷监控他们的孩子的新闻。这真的让人感到不寒而栗！

## 网络设备的安全性

本书主要是讲智能家居的，并不是介绍网络安全的。市面上已经有大量的介绍网络安全的书籍，而且还有不少网站也提供了如何加固你的家居网络的详细资料。我建议大家最好了解一下这方面的知识。本节的目标是提醒读者，如果你的家居网络没有采取安全措施就贸然添加新设备到网络中，那么你的隐私就有可能暴露给不怀好意的黑客了。

下面是一些提高网络安全性的建议。

>> 很多设备都有默认的用户名和密码，建议你最好把它们修改为非默认的。不过很多用户觉得麻烦，懒得去做这些。让设备一直使用默认的用户名和密码，就像你离开家时把大门敞开一样危险。

>> 在互联网和智能设备之间安装防火墙软件，这是你防御入侵的第一道安全阀。路由器一般都会启用防火墙，不过你可以做得更多。

>> 个人计算机通常也有防火墙，可以参考操作系统的帮助文档了解详情。

>> 在路由器上配置 Wi-Fi 时，可以启用安全通信协议进行通信。访问无线网络的密码足够复杂，不易被破解。

>> 很多智能家居设备在连接 Wi-Fi 时，也许根本没有安全性方面的考虑，因此这一点尤其需要注意。务必确保在购买智能家居设备之前，向厂商咨询该设备是否有相应的安全特性，以及如何配置才能使得这些设备和家中的无线网络一起发挥最大的安全效用。

>> 启用智能手机和平板电脑上支持网络安全和隐私安全的功能特性，比如 iOS 中的某些配置，参见图 2-4。

如果你不太熟悉家居网络的安全设置，那么强烈建议你学习相关的内容，或者请教专业人士。

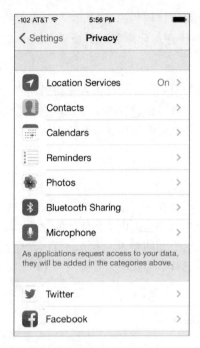

图2-4:
智能手机和平
板电脑上的隐
私安全设置是
确保设备的网
络安全重要的
一环

## 网络入侵监测

一想到某人未经授权就可以访问你的网络就不寒而栗。谁知道他会做什么，查看什么？这一切都不得而知。

想知道某人未经授权就访问你的网络其实没那么复杂。

**（1）登录你的路由器。**

如果你不知道该如何操作，可以先查看设备说明书或者咨询厂家客服。

**（2）转到路由器软件显示网络设备的列表项。**

其中一些设备是你熟悉的，另一些则不然。总之，如果某些设备和你预期的不一样并不代表该设备不是合法授权的。下面是一些有用的办法来帮助你检测网络中设备的合法性。

- 一次关闭一个使用 Wi-Fi 的无线设备。当该设备从上述设备列表中消失了，那么证明该设备是就是你刚才关闭的设备，所以是合法的。

- 一次禁用一个电脑或者其他设备连接到路由器的网卡程序。作为无线设备，你发现该设备从连接列表中消失了，那么就可以断定该设备就是你刚才禁用了网卡程序的设备。

- 执行上述操作之后，如果存在你无法控制的设备，那么毫无疑问，有心怀不轨的人潜入了你的网络。

如果你发现有设备未经授权就接入你的网络，那么可以参考路由器使用说明书或者咨询厂家客服等方法阻止这些设备获得访问权限。

有一个小技巧就是在对家居中的使用无线网络的设备执行上述操作之后，用便签将合法设备的名称记录下来，贴在路由器旁边，这样不用每次都费劲地执行重复操作，省去很多麻烦。

# 2.2　选择合适的工具

工具就是辅助你完成工作的东西。因此接下来要介绍一些你在打造自己的智能家居系统时需要用到的工具，本节的目的就在于此。

## 2.2.1　根据需要选择适当的工具

当提到"工具"这个词的时候，大部分人会情不自禁地想到榔头和钉子等诸如此类的东西。不过实际上你在家中安装和调试智能家居系统时也需要用到一些工具。不过摄像头和灯泡不需要工具也可以安装。摄像头只需要放在某处即可，灯泡安装到灯座上就可以了。其他设备，诸如恒温器和锁具所需的工具，一般在家用的工具箱中都可以找到合适的工具。

下面是一个你在安装智能家居系统过程中可能需要用到的工具列表。

- 》 螺丝刀套装，其中包括扁的和十字形的多种刀头。
- 》 钳子，其中包括斜嘴钳和尖嘴钳。
- 》 钢丝钳。
- 》 测量电线电压用的万用表。
- 》 如果遇到麻烦，无法按原定计划进行，还需要一把可以处理树桩的大铁锤（在阳台上砸一个树桩泄愤总好过折腾那套价值 300 美元的智能家居设备）。

## 2.2.2　个人计算机、智能手机和平板电脑

个人计算机、智能手机和平板电脑其实也是工具。人们每天使用它们来完成工

作，比如和远在千里之外的妈妈聊天、玩游戏等。它们是和大家的生活息息相关的工具。接下来将会介绍它们在智能家居中的应用。

本书介绍的大部分智能家居设备都是和上述设备相连的，而且这些智能设备从不同程度来说，都是通过它们进行管理的。

» 大部分智能家居设备都包含支持智能手机和平板电脑的 App 程序。

» 其他工作由第三方的 App 程序和设备完成，比如 Wink 中控面板和 App 程序（见图 2-5），就是为了完成这些任务而推出的产品。

» 极个别厂商提供了支持个人计算机的客户端软件来管理智能家居设备。（我不知道这些厂商为什么要浪费资源开发这样一个工具，特别是在照明管理这样的功能，不过这也是我个人的一点浅见）。

» 还有一些提供了 Web 管理界面（见图 2-6），用户可以使用任意设备（个人计算机、智能手机和平板电脑）通过互联网管理这些智能设备。

图2-5：
Wink的中控设
备和App程序
可以管理很多
第三方的智能
家居设备

图片由Wink有限公司提供

下面是智能家居厂商支持的操作系统列表。

» **iOS**：该操作系统用于控制苹果的 iPhone 和 iPad 设备。

» **Android**：用于控制数量庞大的苹果产品之外的智能手机和平板电脑。

» **OS X**：该操作系统运行在苹果的个人计算机上。

» **Windows**：微软的操作系统，运行在大部分苹果产品以外的个人计算机上。

» **Linux**：最受欢迎的免费操作系统，包含很多衍生版本。

参考第 13 章可以了解这些设备和操作系统的更多细节，以及如何使用它们，以便让你的智能家居系统达到理想的运行状态。

图2-6：
Netatmo的天
气预报功能可
以使用任何可
以上网的设备
通过浏览器进
行查看

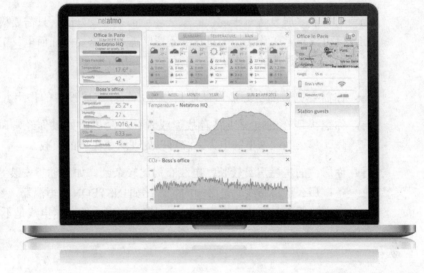

图片由Netatmo提供

## 2.2.3 电源管理

智能家居设备的供电设备种类很多，其中包括：

» 直流电（比如恒温器）；

» 电源插座（比如 WeMo 的智能开关，参见图 2-7）；

» 电池供电（比如水质监测传感器）。

图2-7：
某些智能家居
设备支持与其
他标准设备协
同工作，而且
控制这些标准
设备所需的重
新布线的工作
量很小

图片由贝尔金提供

当前的智能家居设备对于现代的家居环境都是很友好的，只需要极少量的布线
工作就可以正常工作了。不过这并不意味着你不需要做任何电气工作就可以让
某些设备达到最佳的工作状态。下面是一些例子。

» 你需要更多的电源插口以便充分发挥智能家居设备的作用。

» 你家里现在的电源线路有故障或者存在隐患。如果你经常碰到电路故
障，那么确保家里的电力系统可以处理这些额外的负载。

» 你居住的房屋房龄较长，电线布局比较杂乱。如果你想安装智能家居设
备，那么重新布线就是必须的了。比如INSTEON的恒温器，参见图2-8，
它需要低压电源才能正常使用，直接使用老式的高压电线是不行的。

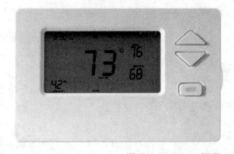

图2-8：
如果你使用的
电路系统过于
陈旧，某些设
备需要重新布
线才可以正常
工作，比如这
款植物恒温器

图片由INSTEON提供

你是否意识到家里需要重新布线呢？如果你无从下手，那么最好寻求专业人士
的帮助。也许你不喜欢花钱请电工来家里帮忙，这其实就好比去医院请医生为

你检查身体。我想我说得没错吧？而且我还要提醒你的是，你必须确保自己的电力布线工作没有违反当地的法律法规。实际上很多地区需要专业的电工才能从事相关的电力布线工作。因此在您行动之前最后确认一下是否合法。

这也许对于经常从事电气工作的人不值一提，不过对于那些很少从事电气工作的人来说是一个非常重要的提醒：绝对要确保家里的电源总闸开关是断开的。如果你不确定我在说什么，那么为了以防万一，不要私自尝试去做任何与电有关的工作。

# 第3章

# 明确需求

万全的准备往往可以事半功倍。

——塞万提斯

古语云"凡事预则立，不预则废"就是这个道理。

你认为 George S. Patton 将军指挥的军队没有做好充分的准备就会投入战斗吗？你能想象美国军事史上最有名的统帅之一，随意地在街头巷尾找几个小伙子就开赴前线，投入战斗？我认为事情不会如此简单。George S. Patton 和他的士兵们是心意相通的，因此他的士兵时刻准备着开赴前线。

如果你看过近年来 Steve Jobs 在苹果新产品发布会的现场视频，那么我想你心里一定会想到一个成语"浑然天成"。作为秀场达人和商业天才的他，产品发布会上的举手投足堪称完美。我敢打赌 Steve Jobs 对发布会上的所有细节都了如指掌。

众所周知，Julia Child 擅长烹饪。作为举世闻名的烹饪大师，她还主持了一档全球瞩目的烹饪秀节目。在秀场主持节目时，烹饪将要用到的每种食材都用量杯提前准备好了，可以说是万事俱备，只欠东风。这使得节目进行得如行云流水般顺畅自然。

上述 3 个事例说明你打算做任何事之前做好万全的准备是非常有必要的。Patton 永远无法预知敌人动向。Steve Jobs 在产品发布会上通过临危不乱的气度和专业精神应对身体的不适。Julia Child 在秀场主持节目时总能谈笑自若地化解危机于无形。因此，希望读者也能像他们那样，在探索智能家居的道路上披荆斩棘，勇往直前。

# 3.1 三思而后行

做好准备是避免生活陷入猴子掰苞米式的恶性循环的唯一方式。即使你做足了准备，仍然会有不测风云等着你。这对于家居项目来说也是如此。幸运的是，本书讨论的智能家居系统并不需要在室内做一些电力布线工作（当然会比房子建成后的电力布线容易得多），因此你不必在基建问题上浪费过多精力，但还是有很多其他事情需要费神。

## 3.1.1 明确智能家居目标

满怀希望活着是件幸事，为此而默默努力的人肯定是幸福的。那么我们的智能家居的目标是什么呢？我想应该只有读者才能回答这个问题吧。不过，下面我会给你提供一些建议，以供参考。

### 循序渐进还是一鼓作气？

你是希望在智能家居中一鼓作气购置所有设备，还是循序渐进逐渐加码呢？本书将会在后续章节深入讨论这个问题，不过你现在就应该思考这个问题了。

### 产品的选择

你会介意购买多个厂商的不同产品么？有些人喜欢从一而终（比如购买的个人电脑、智能手机和平板电脑都是同一个牌子的），有些人则不会计较太多。对于智能家居来说，购买同一厂家的系列产品是最佳的选择。不过根据用户的实际需求也可能例外，读者在购买这些设备时最好能够参考一下我的建议。

最好使用同一厂家的产品，特别是对于使用 ZigBee 协议的设备来说，厂家对 ZigBee 协议的支持并不规范，不同厂家生产的 ZigBee 设备之间的兼容性不佳。

### 实用派VS时髦派

你是否对智能家居中的新功能趋之若鹜呢？扪心自问：你是打算让智能家居系统方便你的生活还是赶时髦呢？这一点非常重要，因为它会影响你购置智能设备时的判断。

如果你希望通过智能家居提高生活品质，那么在挑选智能家居设备时会倾向于实用性强的产品，比如智能照明设备、安防设备、恒温设备等。比如某人希望购置既能省钱，又可以调节家居温度的设备，但是她的家里没有安装中央空调。Quirky Aros 的智能窗式空调就可以满足该需求，参见图 3-1。Aros 的产品可以通过 Wink App 在智能手机或者平板电脑上进行远程控制，该 App 可以通过 iOS 或者 Android 的应用商店下载。（参考第 4 章可以了解更多详情。）

图3-1：
用户家里没有
安装中央空
调，但是仍
然可以使用
Quirky Aros
产品远程控
制家居温度

图片由Quirky股份有限公司提供

如果你是一个喜新厌旧的极客，并且能够承受大胆尝试智能家居设备所需的代价。那么 LitterMaid 推出的自动猫砂清洁设备如何（见图 3-2)？

图3-2：
无异味的猫砂
自动清洁设备

图片由Spectrum Brands有限公司提供

或者 Quirky 的枢轴智能插座（见图 3-3）？它不同于你以往使用的电源插座，每个插座单元可以随意弯曲，以便适应不同尺寸的插头并合理利用空间。另外一个有趣的特性是它可以通过智能手机或平板电脑控制与之连接的设备。

图3-3：
Quirky的智能
插座为管理多
个设备提供了
一个巧妙的解
决方案

图片由Quirky有限公司提供

## 有备无患

智能家居设备需要多人管理？没问题，大部分智能家居设备可以通过一个以上的智能手机或者平板电脑进行管理，不过有些产品不支持。如果你允许多人共同管理家中的智能家居设备，那么需要确认厂家是否支持该功能。

大部分厂商会要求用户注册一个账号来管理购买的智能设备。用户可以用这些账号登录厂商开发的智能家居系统管理相应的智能设备。智能设备和用户账号关联之后，用户就可以使用该账号登录手机或者平板电脑上的 App，也可以使用个人电脑通过 Web 浏览器对这些智能设备进行管理。有了这些账号之后，用户可以随时随地地管理智能家居设备。为了让多个用户可以远程访问智能家居设备，只需在他们的智能设备上使用该账号登录即可。当然前提是他们必须知道账号的用户名和密码。

WARNING

当然也需要注意，虽然你希望多人可以管理你的智能设备，不过你肯定也希望有一个管理员账户。某些厂商提供了这一功能，如果该功能对你很重要的话，那么在购买之前请先咨询商家是否支持此功能。

想象一下，如果你家里有不同厂商生产的多种智能家居设备，那么也意味着需要使用多个账号来管理这些设备。为此你必须将这些账号信息写下来放在安全的地方，以防忘记账号信息时方便查看。

### 是否需要一个App专门管理它们呢？

现在你可以看看自己的 iOS 或者 Android 设备还有多少可用空间。我想大部分人都会感觉捉襟见肘吧。我只是希望你了解现在的处境，一旦你入了智能家居这个大坑，那么你可能就会安装一大堆 App，所以不管开始你有多少可用空间，安装了智能家居应用之后，可用空间的比例都会明显降低。

在了解了智能家居系统应用 App 对智能手机和平板电脑可用空间的影响之后，你应该也想了解一些替代性的解决方案。首先，扪心自问一下："自己是否介意手机或者平板电脑中使用多个 App 来管理智能家居设备，抑或希望尽可能让这些 App 的数量保持最小？"我想只有读者才能回答这个问题吧。

如果你决定使用一个 App 来统一管理这些设备，那么问题就迎刃而解了。不过，如果你打算尽可能少地使用几个 App 的想法也不错，你会发现使用少数几个 App 的方式简便易行。目前有不少厂商提供很多优秀的解决方案。第 14章会详细介绍它们。在这里我只是希望你听到"每种设备对应一款 App"这种说法时不用闻之色变。此外，大部分"多合一"的解决方案会采用另外一台设备对其他智能设备进行统一管理，即集线器。这并没有什么不妥之处，只是希望你能够注意这一点。下面是部分提供智能家居系统统一管理解决方案的厂商：

>> INSTEON（集线器和应用 App）。

>> Revolv（集线器和应用 App）。

>> CastleOS（集线器和应用 App）。

>> 苹果的 HomeKit（仅限应用 App）。

>> Wink（仅限应用 App 和集线器 / 应用 App 解决方案，如图 3-4 所示，用户可以根据实际情况酌情使用）。

越来越多的解决方案如雨后春笋般涌现出来，所以在采用仅限应用 App 和集线器 / 应用 App 解决方案时，最好根据自己的实际情况选取。依我之见，采用其中一种解决方案之后，用户会省心很多。你不必在智能手机上打开管理照明系统的 App 之后，又去找另外一个 App 管理恒温设备，接着又跳转回去管理照明系统，这样的做法想想都挺笨。

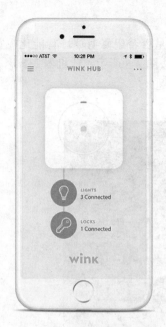

图3-4:
Wink的App和
集线器协同工
作，将所有的
智能家居App
整合为一体

## 3.1.2 需求分析

一旦你决定了管理智能家居设备的方式，那么你需要在把这些智能家居设备安装到家中之前明确需求。下面是一些参考意见，我敢肯定你私下也考虑了不少。

### 房屋尺寸

你家的占地面积有多大？当确定需要多少设备才能满足整栋房屋的需求时，这一点尤为重要。

如果你家非常大，那么可能需要比一般的家庭更多的设备才能满足需求。自然你的需求也比一般的要多一些。

» 更多的照明设备。

» 有可能多层建筑需要配备多个恒温设备。

» 房屋面积越大，需要覆盖足够强度 Wi-Fi 信号的设备也越多（如果你的智能家居系统使用 Wi-Fi 信号通信的话）。

» 门窗越多，所需智能锁具也越多。

» 如果用户对安全性要求较高，那么就需要更多的运动传感器和门窗传感器。

还有很多需要考虑的内容，这里就不一一列举了，读者心里有数即可。

### 庭院安防

你经常为看家护院的琐事烦心吗？是否希望修剪草坪智能化呢？也许你热衷于修剪草坪的工作，不过为什么不按图 3-5 所示，让机器人替您完成这些工作呢？（我会在第 12 章详细介绍介绍该主题）

图3-5：
这位先生真会
享受，让机器
人帮他修剪草
坪

图片由RobomowUSA.com提供

### 插座和开关

你需要额外安装插座和开关么？在评估如何在家里安装智能家居设备的过程中，你也许会发现想要安装设备或者系统集线器的地方没有插座或者开关。如果确实需要这么做，那么就尽量去做吧。但如果你是那种叫自己的侄子帮忙安装智能家居系统的人，那么建议你最好请电工完成这些工作。

### Wi-Fi热点

上述Wi-Fi标志是由Krish Dulal设计的。

可以从维基共享网站下载

在安装智能家居系统之前，是否需要增强家里的 Wi-Fi 信号呢？看来这个问题需要读者亲自测试一下才会有答案。

第 2 章讨论网络问题时已经有所涉猎，不过下面是一些有益的建议。

> 大部分智能家居系统通过集线器和 Wi-Fi 路由器相连，这样就可以便于用户远程访问。一般情况下，集线器应该安放在房间的中部，这样就可以尽可能多地访问到智能家居设备。

> 任何东西都可能阻挡 Wi-Fi 信号，但是某些物品尤其需要注意，木制品、石膏、玻璃、和煤块对网络信号的影响要小一些，砖块、混凝土、陶瓷和金属制品对网络信号的影响就很严重了。有时你也许需要使用中继器或者新增一台路由器来增强 Wi-Fi 信号。

> 家里的路由器和将要安装的智能家居系统采用的网络协议是否匹配？你最好先咨询路由器和智能家居设备的厂家。通过他们的官方网站应该可以获取足够的信息，如果没有找到相关信息，可以直接拨打他们的客服电话进行咨询。

## 已经安装了智能家居系统

你家里是否已经安装了一套智能家居系统了呢？我知道这个问题很傻，不过如果真的是那样的话，你也许需要确保新添的设备和现有的智能家居系统可以兼容。如果你是土豪，想使用一套新的系统替换现有的系统，那么另当别论。

当我说需要确保新的设备和当前系统兼容时，并不是说必须使用当前系统相同厂家的产品。而是说该设备需要和当前的系统兼容，或者说能够独立工作。新的系统当然也不能影响当前系统的正常运行。

## 当前使用的操作系统

你的个人计算机和智能设备当前使用的操作系统是什么？采用的智能家居系统支持的操作系统又有哪些？

上述问题都是你必须考虑的，实际上目前大部分智能家居设备都支持 iOS 和 Android 的智能手机和平板电脑。你偶尔会发现不支持 Android 的设备，但很少能找到不支持 iOS 的设备。Android 设备的兼容性要略逊一筹，这是不争的事实。

另一方面，你会发现很少有厂商为 OSX 的原生应用提供支持，但是不少（但是相对来说也很少）厂商提供了对 Windows 原生应用的支持。几乎没有厂商为 Linux 系统提供支持，因为从经济方面来讲不是很划算。

如果智能家居厂商为你提供了 Web 接口访问智能设备（大部分如此），那么你的个人计算机使用的是什么操作系统就无关紧要了。你只需要在计算机上打开浏览器就可以方便地管理这些智能设备。

第 13 章将会详细介绍智能手机、平板电脑和个人计算机在智能家居方面的应用。

# 3.2　预算评估

在开始着手准备之前，你必须明确要准备什么？关键时刻到了，思考一下：我打算在智能家居上花费多少钱？

你是希望脚踏实地地从一个可以控制相关设备的智能开关开始？还是希望一次到位，安装一套整体式智能家居系统，使每个房间都最大限度地实现智能化？

## 3.2.1　小处着手

小处着手意味着你在智能家居方面只是蹒跚学步阶段，初期并不需要投入大量精力。如果你对智能家居还是犹豫不决，持怀疑态度，那么建议你从小处着手。

如果你决定小步推进，那我会给你推荐一个更普遍的路线，比你自己闭门造车会强很多。比如 WeMo 的智能开关就是初级用户的最佳选择之一，图 3-6 所示的设备就是一个智能插座，用户可以在智能手机或平板电脑上使用 WeMo 的 App 访问该设备。

图3-6：
一个智能插座，
比如WeMo的
智能开关，它
是初级用户的
最佳选择之一

图片由贝尔金提供

该设备可以让初级用户对智能家居的运作机制有一个初步的了解。可以说是麻雀虽小，五脏俱全。

当然还有其他智能插座可供选择，它们的功能大体类似，可以帮助你对智能家居有一个初步的认识。

## 3.2.2 循序渐进

现在，你打算按照上述建议按图索骥吗？这其实也是我一贯奉行的宗旨：量体裁衣。

在这种情况下，我建议你尽量使用同一厂家生产的产品，比如 INSTEON 的智能家居设备，这样可以最大限度地避免不同厂家生产的产品之间的不兼容。图 3-7 是 INSTEON 的智能家居集线器入门套装，它包含了初级用户需要了解的全部产品。

图3-7:
智能家居集线
器入门套装.

图片由INSTEON提供

» 一个 INSTEON 的中央控制系统（用户可以通过它控制所有设备）。

» 两个遥控照明开关。

» 两个开 / 关模块。

» 两个 LED 灯泡。

» 两个无线运动传感器。

>> 两个微型遥控器（控制遮阳板和桌面支架）。

>> 两个可插拔的台灯。

其他厂家也为用户提供了入门级的产品，因此在决定购买之前，货比三家，找到符合自己需求的产品是很有必要的。其他厂家的产品有如下几种。

>> **Iris 智能套件**：欲知详情，可前往 Lowes 公司的网站。

>> **SmartThings**：打开该公司的主页，然后单击 Kits 选项卡，可以找到很多入门级产品的介绍。

>> **Viper Starter Kit**：打开该公司的主页，然后单击 Starter Kit 选项卡即可。

>> **INSTEON**：前往该公司网站就可以了解该公司产品的详情。

当然还有其他产品可供选择，这里就不一一列举了。在搜索引擎里输入"智能家居入门"，然后逐个浏览搜索结果也可以。

重温一下第 1 章关于智能家居协议的内容。用户可以根据喜好选择使用某种协议的智能家居产品（当然能够满足用户需求是最好的）。

# 第 2 部分
# 室内智能化

第4章

# 家居温度

天气酷热难当，结束了一天枯燥乏味的工作，你正迫不及待地往家赶。车里的空调已然罢工，摇下车窗之后，你感觉自己似乎坐在火山口旁边。你已归心似箭了，到家后就可以摆脱鞋袜的束缚，享受清凉世界了。当打开家门的一刹那，闷热的气浪扑面而来，和预期的凉爽完全相反。你丈夫在出门前把家里的恒温设备关闭了，因此你在回家时不得不在锅炉房里待一会儿了。

再来想象另外一个场景，滴水成冰的天气，你又出现在了回家的路上。你很清楚一旦开车到达家门口，从车里出来到达前门的时间很短，否则身体很快就会冻僵，变成一尊雕塑，直到来年春暖花开。心中温暖如春的家是你竭力和冰天雪地的天气斗争的唯一武器。你打开门的一刹那，迎面而来的寒气让你的心也掉进了冰窟窿。你的丈夫（我总是用男人来举例是因为大部分男士都比较粗心大意）在早上离开家之前把恒温器关了。因此，现在你只能打着冷颤辅导孩子做家庭作业了。

如果你在回家途中可以使用智能手机查看家里的恒温设备的情况，是不是很棒呢？你可以使用智能手机管理家中的恒温设备，调节家里的温度。一想到要回到舒适温馨的家里了，糟糕的心情是不是也舒缓了很多呢？几年前这也许还是科幻小说里的情节，不过现在智能手机和 Wi-Fi 的普及让这一梦想变成了现实。

# 4.1 远程管理恒温设备

温度目前已经成了产生家庭纠纷的根源之一。有些人希望家里夏天 13 摄氏度，冬天 30 摄氏度。有些人希望家里常年保持 22 摄氏度。有些人希望让空调一整天都开着，有些人则愿意根据季节更迭来决定是否使用空调。在接下来的章节中，你会发现当前的智能恒温产品使得众口不再难调。

## 4.1.1 远程管理家居温度的好处

我知道有些人会说："这有什么大不了的？不就是到家之前把恒温器设定到一个合适的温度吗？"不过我想提醒读者的是，如果你遇到本章开始提到的那个不希望恒温器整天开着的丈夫，那么就要倒霉了。而且很多家庭如果没有安装中央空调，又该如何是好呢？

当前市场上的智能家居温控设备能够满足用户对温度的苛刻要求，如果你可以上网，那么随时随地都可以访问这些设备。接下来说说这些支持远程访问、可以控制家居温度的设备的优点。

### 省钱

使用智能恒温设备真的可以省钱吗？这个问题的答案当然是肯定的，不过实际上很大程度上取决于用户如何管理家居温度。

如果您的智能恒温设备采用的是当前流行款式，上面的开关使用"C"或者"H"标记代表特定的温度，那么答案毫无疑问是肯定的。智能恒温设备不需要用户频繁地手动设定室内温度，它们可以根据用户的指令更精确地保证室温的恒定。采用智能恒温设备后，用户很快就会发现这是物超所值的。

如果你采用的是一台可编程的恒温设备，那么答案就因人而异了。如果你打算事必躬亲，每天在特定时段编制程序控制恒温设备的打开和关闭，并且让恒温器在工作时维持在一个合理的温度区间内，那么智能恒温器和可编程的恒温设备相比，能够节省的费用差别不大（当然，除非你的可编程恒温设备出了故障）。不过如果用户不拘泥于让家里一直保持特定的温度，远程开闭恒温设备也可以节省不少。比如你出门后忘记关闭恒温设备了，或者你打算周末关闭恒温设备。那么你可以拿出智能手机轻点几下就可以了。这样一来就节省了不少费用。

智能恒温设备优于可编程恒温器的另外一点是，智能恒温设备支持多模块的能源消耗情况实时统计，而且提供了很多监测和报表工具，使你的账目支出更精确。

**省心**

支持远程访问的智能恒温器的确可以让用户省心不少。

当然，不论什么类型的恒温器，软硬件安装都是必不可少的步骤。智能恒温器安装完毕上线运行之后，如果用户不是那种特别爱折腾的人，一般不需要再花费精力去频繁地对它进行设置。不过这也是它让用户省心的地方。比如在机场等飞机时，不必担心家里的恒温器没有关闭，只需通过智能手机远程关闭即可。也不必麻烦邻居或者亲朋好友调整恒温器，只需轻轻点几下手机屏幕就大功告成了。如果你的妈妈来探望你，无须告诉她使用恒温设备的烦琐步骤，只需使用智能手机就可以让她感受到一个温暖舒适的家。总之，上述的例子不胜枚举，不过我想你应该了解了本节的要义。

## 4.1.2　恒温器技术简介

恒温器在大部分家庭已经司空见惯，不过恒温器技术在过去几十年才得到了长足的进步。

过去，恒温器唯一的用处就是我们说的"早上猛地掀开某人的被子，看能不能把他叫醒"。不过幸运的是，恒温器技术自 20 世纪以来已取得了长足的进步。

机械式恒温器完全使用机械（顾名思义）保持室内温度的历史非常悠久：

- » 蜡丸；
- » 煤气灯；
- » 水银灯；
- » 双金属条。

和上述石器时代的设备相比，当代的数字恒温器大多采用了更灵敏的电子传感器来获得更精确的温度值。从长远角度来看，更精确的温度控制可以在保证家居温度恒定的同时为用户节省不少费用。由于这些传感器优异的性能，它们也被智能恒温器所采用。

# 4.2　恒温器主要厂商一览

智能恒温器市场就像技术角斗士们为了在竞技场吸引皇帝的注意力（也许是用

户的注意力），竞争日趋激烈。接下来会向读者介绍不断增长的智能恒温器市场上的主要厂商，不论它们知名与否。

## 4.2.1 Honeywell

部分读者可能会对我不首先介绍智能恒温器市场的领头羊 Nest 而略感惊讶。相反，我会从大家耳熟能详的品牌开始，它是以其标志性的圆形造型给人留下深刻印象的（其实它的名字也叫"圆"）。Honeywell 生产了多款恒温器产品，但是让该公司家喻户晓的仍然是那个小小的圆形标记。

面对智能家居浪潮，Honeywell 当然也不会袖手旁观，为了能在智能恒温器市场占有一席之地，他们不惜投入巨资，参与到市场竞争中来，最新的圆形智能温控产品 Lyric 就是明显的例证。

Honeywell 已经推出了支持 Wi-Fi 和智能化的恒温器产品 Lyric，如图 4-1 所示，它是真正意义上的第一款通过智能设备进行管理的智能恒温器产品。Honeywell 发现人们现在更喜欢使用智能手机远程管理他们的智能家居设备，因此 Lyric 就应运而生了。

图4-1：
Honeywell推出了另外一款圆形恒温器产品：极智Lyric

图片由Honeywell提供

Lyric 的目标是取代当前人们正在使用的恒温设备。实际上，Honeywell 宣称目前 97% 的家居恒温设备可以方便的替换为 Lyric（换句话说，完全不需要重新布线的工作）。Lyric 另外一个优点是不需要使用电线，这样一来，用户也会省心不少。

TIP

如果想知道 Lyric 是否和你家的电源布局、无线网络和智能设备兼容，那么可以前往 Honeywell 官方网站进一步了解详情。通过该网站提供的信息，用户能够明确知道 Lyric 产品是否符合他的需求。

## 安装Lyric

当你第一次打开 Lyric 产品包装盒时，也许会对它的"极简"风格感到有点失望。因为其中并没有安装说明书，而是内置在 Lyric 的 App（包括支持 iOS 和 Android 设备）里了。该 App 是使用 Lyric 必不可少的部分。在安装之初就让用户从 iOS 或者 Android 应用商店下载 App 程序的做法毫无疑问是非常正确的。

为帮助用户安装 Lyric，建议用户需要事先准备好如下工具：

>> 十字螺丝刀；

>> 圆珠笔；

>> 铅笔；

>> Lyric 应用 App；

>> 你的 Wi-Fi 密码。

上述列表很短。不过如果你和我的情况类似，家里的恒温设备因为年代久远，设备表面的油漆和墙壁已经斑驳陆离，浑然一体，那么也许你还需要锤子和凿子把它从墙壁上拆卸下来。

下载好 Lyric 的 App 应用程序之后，根据 Honeywell 的操作提示创建一个相应的账号。然后安装该 App 程序（见图 4-2），根据安装指南按部就班地完成安装。

Honeywell 官方网站还提供了操作指南的帮助视频，用户可以上网了解详情。

当然，Honeywell 也配备了客服人员为用户答疑解难。只需要前往相关网站，在网站页面底部可以找到所有联系该公司客服的方式。

## Lyric的配置和使用

Lyric 安装完毕之后，你需要将它和你的智能手机或者平板电脑连接，为了满足日常需要，还需要做一些配置。

连接和配置 Lyric

（1）将你的智能设备连接到 Lyric 网络。

通过你的 iOS 或者 Android 设备的网络连接设置查找 Lyric 网络。

（2）Lyric 将通过若干问题来确定用户对家居温度的喜好，比如你在家时的家居温度、不在家时的温度等。

（3）使用 App 内置的选项设置将 Lyric 连接到家里的 Wi-Fi 网络中。

务必要牢记家里的 Wi-Fi 网络密码。这个过程需要一点耐心，Lyric 可能会花几分钟时间连接到你的家居网络中，然后和 Honeywell 的服务器进行同步。

（4）在首次登录 Lyric 的 App 后，使用的登录账户会将智能设备和账户绑定，并自动到 Honeywell 官网注册。

图4-2：
Lyric的应用
App内置了设
备安装指南

图片由Honeywell提供

现在你已经可以高枕无忧，让 Lyric 大显身手了。它管理家居温度的能力会大大超出你的预期。

Lyric 另外一个强大的特性是地理围栏，它可以根据用户与家居房屋位置的远近调节家居温度。如果你离家外出了，那么 Lyric 可以获知这一信息，因为它会跟踪用户智能手机的地理位置。在这种情况下，Lyric 会根据用户最近的预先设置来调节家居温度。当 Lyric 监测到用户和家的距离小于某一特定距离（当然用户也可以设置这一距离）时，将会根据用户的预先配置调节家居温度。

虽然我认为 Lyric 是 Honeywell 在该领域最好的产品，不过该公司还有一系列的支持 Wi-Fi 的智能恒温器产品可供用户选择。希望了解这些产品的详情可以上网查询详细信息。

## 4.2.2 Nest

终于到 Nest 了！

Nest 是以机器学习闻名于世的智能恒温器产品。2011 年 Nest 恒温器（顺便说一句，该产品属于 Nest Labs 有限公司）一经推出，就一炮而红。如今，成立于 2010 年的 Nest Labs 有限公司已经发展为智能家居行业的翘楚（特别是在谷歌花费巨资收购它之后）。

Nest 智能恒温器（见图 4-3）可以切实的知道用户在一天中不同时段对家居温度的喜好，并据此做出相应的调节。无论用户是否在家都是如此。这款产品比一般的恒温设备的表现优异得多，并且不要忘了，它还可以通过你的 iOS 或者 Android 设备进行远程访问。

图4-3：
Nest智能恒温
器的表现优异：
能够最大限度
地自动调整家
居温度，满足
用户需求

图片由Nest Labs有限公司提供

用户可以直接通过 Nest 智能恒温器的控制面板对其进行管理，比如家居加热和制冷、设备设定、任务调度等。一旦 Nest 和互联网相连，它会自动推送系统软件更新到设备中，因此用户既可以及时更新软件，又无须为此耗费精力。

### 安装Nest

在你头脑发热，钱包变轻，拿回家一台 Nest 设备之前，我需要提醒你最好上网查查，以便确保你现有的空调设备能和 Nest 设备兼容。

如果你入手了一台 Nest 设备，它的安装步骤和大部分恒温器大同小异：

1．移除旧的恒温器

首先给旧的恒温器电路布局拍一张照片，这样方便新的 Nest 恒温器安装电源（方便用户按照原有的电路布局安装 Nest 设备）。

2．安装 Nest 恒温器的基座

Nest 为了确保设备和地面保持水平，内置了水平基座，这样就可以保证用户将它安装到墙上时和地面保持水平。

3．根据设备说明书安装电源

4．将控制面板和基座相连

当控制面板能够响应用户点击时就可以正常运行了。

顺便说一句，如果你在安装 Nest 设备时遇到困难，或者希望了解一些专业的安装知识，可以前往该公司官网查询，找一位本地的 Nest 专家给你提供帮助。

### Nest的特点

Nest 产品一定会有你喜欢的功能特性。在这里我列举一二，如果希望知道 Nest 恒温器的所有特性，可以前往上述网站了解详情。

Nest 包含如下特性。

>> Nest 设备工作周期大概是 1 周，这是根据用户的喜好和输入数据生成的。

>> 如果家里没人，系统会激活"无人模式"，自动关闭空调设备。

>> Nest 可以计算出加热和制冷所需时间，并显示在控制面板上。

>> 虽然用户可以直接控制 Nest 设备，不过还可以通过 iOS 或者 Android 的应用 App 对这些设备进行管理。通过应用 App 不仅可以调节家居温度，还可以查看家里的能源使用情况（见图 4-4）。用户还可以通过个人计算机管理 Nest 设备。

» Nest 智能恒温器使用传感器和互联网信息帮助用户构建舒适的家居环境：

- 温度传感器可以检测到家居温度，并告知用户。

- 湿度传感器可以帮助用户查看室内湿度。

- 运动传感器可以检测到房间里是否有人，如果 Nest 检测到房间里没有人，会自动激活"无人模式"。

- Nest 还可以通过互联网接收天气预报信息，因此它可以根据户外的天气变化调节室内温度。

» 一个 Nest 账户最多可以控制 10 台恒温设备。

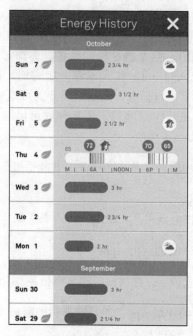

图4-4：
Nest的移动
App应用可以
让用户通过互
联网随时随地
管理恒温设备

图片由Nest Labs有限公司提供

Nest 智能恒温器的特点还有很多，但是限于篇幅，在此就不赘述了。强烈建议读者前往 Nest 的官方网站进一步了解与之有关的更多信息，看看它为了让用户的家变得更温馨舒适做的诸多努力和尝试。

当你在 Nest 控制面板上看到著名的叶子商标时，这说明你使用的产品是节能环保的。这样一来，Nest 就可以帮助用户节省能源使用方面的费用，间接地帮你减少不少开销。

## 4.2.3 Belkin

我们已经介绍了两款非常流行的恒温器产品，不过如果你家里以前从未使用过恒温器，又或者你喜欢使用电子加热器和窗式空调而非恒温器控制家居温度，那又该怎么办呢？不用担心，朋友，Belkin 能满足你的需求。

Belkin 在该领域的产品是一款设计小巧的设备，即 WeMo 开关。它是该公司力推的 WeMo 产品线的一部分。在这里我把重点放在了开关（见图 4-5）上的原因是，它可以帮助用户远程管理不兼容互联网的智能设备。

WeMo 开关（下文简称开关）可以使用任何标准电压为 120 伏特的插座。你可以将任意电子设备与之相连，然后随时随地通过互联网管理这些电子设备。是不是很棒的创意呢？

当我提及任意电子设备（当然也是使用 120 伏特电压的）时，我的意思是：小到家用熨斗，大到电视机、热水器这样的设备，你都可以使用免费的 WeMo 应用 App（支持 iOS 或 Android）打开或者关闭它们，而且还可以查看它们的电力使用情况。如果家里有插座，而且上述开关可以安装到插座上，那么只要你的家居 Wi-Fi 网络是正常启动的，那么你就可以随时随地管理家用电器了。

下面是一些安装该开关的简单步骤，以及与之相关的智能手机、平板电脑以及网络的配置方法。

（1）将开关插到插座上，然后将电器和开关相连。

（2）在你的智能设备上下载 WeMo 的应用 App。

（3）在你的智能设备的网络设置项上，把该设备和 WeMo 网络相连。

（4）在智能设备上打开 WeMo 的应用 App，然后选择你的家居 Wi-Fi 网络（有可能需要输入密码）。

这样开关就加入你的家居网络了。

（5）给开关起一个描述性的名称，这样方便用户管理这些开关设备（比如"房间热水器"或者"客厅空调"），然后为这些开关选择一个应用图标，那么一切就大功告成了。

上述开关将会被当作相应的电气设备出现在管理列表中。

（6）将电源开关和上述电器列表放在一起，方便打开和关闭电源。

绿色代表设备处于工作状态，如图 4-6 所示。

图4-5：
WeMo开关支
持用户随时随
地查看和监测
电器设备（当
然，你必须可
以连接到互
联网）

图片由Belkin提供

图4-6：
WeMo的应用
App中，绿色
按钮代表该电
器处于工作状
态

图片由Belkin提供

这一切就是如此简单！你现在不需借助其他设备就可以远程关闭或者打开家里的电热水器和空调了。建议读者到官网了解 WeMo 设备的接入、技术支持等详细信息。

**TECHNICAL STUFF**

WeMo 设备可以调用 IFTTT 服务完成一些自动化任务。IFTTT 可以将你的设备相互连接到一起，然后使用"菜谱"执行特定的动作，调用其他网站的服务，执行特定任务。比如你可以把开关和 IFTTT 的天气服务频道相关联，这样一来，当天黑之后，开关就会收到警告信息，然后与之相连的开关会自动把客厅的灯打开。想要了解 IFTTT 更多详情，以及如何将之与你的 WeMo 设备搭配使用，可以到贝尔金公司官网查询。

## 4.2.4　ecobee

Stuart Lombard 的公司 ecobee 于 2007 年推出了一款智能恒温器产品。从那时起，它就成为智能家居市场备受瞩目的公司之一，但是因为它的竞争对手 Nest 的出现，使得它的市场份额近年来有所下滑。不过随着 ecobee3 的问世，ecobee 与 Nest 的竞争优势更明显了。说实话，大家对 ecobee3 这款顶尖产品的态度众说纷纭，如图 4-7 所示。

图4-7：
造型圆润的
ecobee3表
现不俗

图片由ecobee提供

ecobee3 汲取了 Nest 和 Honeywell 的 Lyric 等智能恒温器的优点，并有青出于蓝之势。不过不要误会我的意思，我之前讨论过的设备都是非常优秀的产品，以我个人之见，经过一番把玩之后，我认为 ecobee3 独有的远程传感器使之在同类产品中更胜一筹。

和同类产品类似，ecobee3 也是支持机器学习的智能恒温器，能够根据用户的喜好设定一天中若干时段的家居温度。前往该公司官网可以查看该设备是否可以和你当前使用的系统兼容。

## 安装和配置

ecobee3 的安装和其他同类智能恒温器大同小异。

（1）移除旧的恒温器，然后标记好原来的电路布局。当然，拆卸旧设备之前照一张照片是最好不过了。

（2）根据设备端口的标记安装 ecobee3 的基座。

（3）将操作面板安装到基座上，准备启动设备。

当然，上述操作步骤根据用户家中墙面电路的布局而有所不同。ecobee 应该会提供详尽的安装操作手册供用户参考。

ecobee3 接通电源之后，你应该在操作面板上看到 ecobee 的"bee"欢迎图标，这说明系统正常启动了。如果你没有看到上述标识，那么可能存在电路故障。

如果你家的电源是高电压系统，那么将无法直接使用 ecobee3 设备（Nest 和 Lyric 也是如此）。你可以通过查看电闸的贴纸或者内部，轻松地判断出家里的电源使用的是 110 伏特还是更高的电压。另外一种简单的鉴别方式是：如果电线是像塑料瓶盖那样用接线螺帽绑在一起的，那么这种情况下，电源和上述设备是不兼容的。

ecobee3 会引导用户完成整个安装过程，检测电源是否兼容，提示用户安装未连接的设备（比如加湿器），并且可以识别用户当前使用的操作系统环境。

ecobee3 设备顶部的触摸屏设计美观大方，操作方式和智能手机或平板电脑类似。屏幕界面简洁易懂，用户操作起来非常容易。值得一提的是，它的用户交互界面的设计风格和 ecobee3 的应用 App（见图 4-8）是一致的。所以用户可以在不同设备之间无缝切换。

界面简洁，但是功能完备，具体如下。

» 面板中央是温度信息。

» 温度上方有一个图标表示当前系统在制热或者制冷。

» 可以单击和上下滚动右侧滑块设定温度。

图4-8：
ecobee3的交
互界面在恒温
器和应用App
上几乎是一致
的

- » 单击屏幕左下角的按钮会显示完整的菜单选项，为了简便考虑，温控器菜单中的部分物理硬件不会出现在应用 App 中。

- » 单击底部中间的云图标可以查看当地的天气预报。

- » 单击右下角（它看起来像一个齿轮）快速设置按钮可以方便地设定温控器的工作模式，比如有人 / 无人模式。

TIP

ecobee3 还提供了 Web 界面管理恒温器设备。你需要做的只是提供一个能够上网的 Web 浏览器即可。Web 管理界面与恒温器触控面板、应用 App 的差别很大，不过这并不影响用户管理上述智能设备。

### ecobee3的远程传感器

让 ecobee3 在同类产品中脱颖而出的是它独有的远程传感器，如图 4-9 所示。

这些传感器可以安装在房间的任意位置，用户可以使用的这种微型设备多达 32 个。这些传感器可以被分别安装到不同房间里面，方便 ecobee3 恒温器精确地获知每个房间的温度信息，从而能够对每个房间的温度进行微调，让房间达到最舒适的状态。这些传感器不仅可以监测温度，还可以知道房间中是否有人。

下面介绍一下传感器和恒温器一起协作的基本原理。

图4-9:
ecobee3的远
程传感器使得
它检测房间温
度的能力大大
强于其他同类
产品

图片由ecobee提供

你在客厅，而你的配偶在厨房里面。其中每个房间都安装了传感器，温控器在
大厅里。室内温度被设定为 72 华氏度（22 摄氏度）。现在的问题是客厅的温
度比大厅低一些，厨房的温度比上述两个地方都要高一些。ecobee3 的传感器
检测到客厅和厨房都有人，所以它会把这两个房间的温度调整为和预设的整体
家居温度最接近的平均温度。你的配偶如果这时离开厨房来到了客厅和你在一
起，传感器会发现人离开了厨房，并告知恒温器。然后恒温器就会停止给厨房
制冷。非常人性化，对不？

前往 Ecobee 官网可以了解 ecobee3 的更多详情。同时该公司还有很多非常棒的
家用和商务恒温器产品可供用户选择。你还可以在该网站上选购远程传感器配
件。光是 ecobee 宣称该公司产品可以节省家庭能源支出的 23% 也是值得大家
前往一观的，不是吗？

## 4.2.5 Lennox

目前为止，还没有介绍任何一家主流的 HVAC（供热通风与空气调节，缩写为
HVAC，即暖通空调）硬件厂商。但是 Lennox 本身就有一款非常棒的恒温器产
品，即 iComfort。

iComfort 如图 4-10 所示，它的触摸屏外观和 ecobee3 类似，不过操作界面迥然
不同。触摸屏比 ecobee3 的更宽，看起来就像一部 iPad mini 或者类似的平板电
脑设备。

图4-10:
iComfort是
Lennox在智
能恒温器市
场的主打产品

图片由Lennox国际有限公司提供

## iComfort的特点

iComfort 具有如下特性。

» 可以使用 iOS 或者 Android 设备上 iComfort 的 App 应用远程管理家居温度（见图 4-11）。或者使用浏览器登录相关网站，对上述智能设备进行管理。

» 触摸屏支持一键式操作，将系统场景切换到无人模式，所有设备进入休眠状态。因此，当家里无人时，可以确保温控系统能耗最小化，从而节省了能源开支。

» 触摸屏操作和用户的 iOS 或者 Android 设备非常类似，用户上手容易。

» 气象服务功能会在恒温器控制面板右边显示未来 5 天的天气预报数据。

» 一旦出现异常情况，iComfort 会通过电子邮件、短信或者你的手机 App 应用通知你。如果用户允许的话，它还可以直接联系用户当地的 Lennox 经销商。

TECHNICAL
STUFF

虽然 Lennox 希望用户只使用该公司包含 HVAC 单元的恒温器产品，但是也不必担心家里其他非 Lennox 系统的产品和 iComfort 设备不兼容。
Lennox 曾宣称用户如果只使用该公司的优质产品构建智能家居系统，用户体验会远远好于多个厂商的产品构成的杂牌方案。我想能够满足用户需求的就是好方案，所以选择权在于你，亲爱的读者！

图4-11：
iOS或者
Android设备
上iComfort的
应用App可以
让用户通过互
联网随时随地
管理智能设备

图片由Lennox国际有限公司提供

觉得 Lennox 的产品外观不好看？没关系，亲爱的读者，Lennox 早已经想到了这一点。iComfort 设备可以使用 Nuvango 的艺术贴膜，并且可以根据用户的要求进行个性化设计。Nuvango 艺术贴膜可以很容易地贴在 iComfort 设备上，并且不会影响用户的正常使用，如图 4-12 所示。

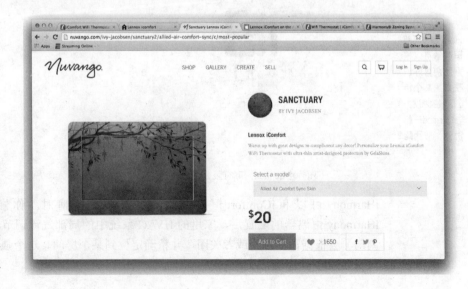

图4-12：
Lennox可以
为用户提供符
合用户口味的
Nuvango彩色
贴膜，使得这
些设备个性十
足

### 安装iComfort

我不得不说 iComfort 有一个让人讨厌的地方，那就是它的安装。实际上，Lennox 并不希望用户亲自动手安装 iComfort，只有 iComfort 的经销商才可以安装该设备。即使你只是想检查一下当前 iComfort 设备使用的 HVAC 单元的兼容性，Lennox 仍然会坚持让经销商去做这件事。

不要误会我的意思，我理解 iComfort 产品是 Lennox 的心肝宝贝，该公司当然希望它可以被正确地安装。但是我仍然认为应该给那些能够自己动手安装该设备的人选择的　权利。

### iHarmony局部温控器

在刚说完 Lennox 只能让经销商上门安装产品的这一缺点后，我觉得为了保持客观，还可以再聊一聊它的特色产品，即 iHarmony 局部恒温系统。

iHarmony 局部恒温系统是家居 HVAC 系统的有益补充，它可以让用户方便地设定家里某个房间或者区域的温度，参见图 4-13。这些独立的恒温器可以让用户方便地调整局部区域的温度：没错，这些区域的温度可以按照用户的喜好，进行更精确的设定。

图4-13:
iHarmony局部
恒温器可以根
据用户喜好调
整家里某个特
定区域的温度，
与iComfort一起
协作，节约能
源

图片由Lennox国际有限公司提供

iHarmony 可以和 iComfort 恒温器一起工作。无论何时，你修改了某个 iHarmony 恒温器的配置后，家里的 HVAC 系统中的局部气流调节器（一般是阀门）会根据需要打开或者关闭，并精确定位到某个房间。这个强大的特性使得 iComfort 系统如虎添翼。

Lennox 推出了很多基于 iComfort 系统的智能家居产品都非常棒。希望进一步了解这些产品的详情，可以前往 Lennox 官网。

## 4.2.6 Trane

Trane 是另外一家拥有自主研发的智能恒温器硬件的厂商，它的产品是 ComfortLink II XL950，如图 4-14 所示。

图4-14:
Trane公司实力雄厚，在智能家居市场上自然也不甘示弱。ComfortLink II XL950型智能恒温器可以有效帮助用户管理家里的HCAC系统

图片由Trane提供

Trane 宣称其 ComfortLink II XL950（为了简单起见，以下简称 ComfortLink）系统其实并不是一款恒温器，而是"能源管理中心"。

当我说 ComfortLink 系统是另外一个 Lennox 的 iComfort，其差别只在于它是 Trane 生产的。不过希望读者不要误认为我对 Trane 的产品有任何贬损之意。如果你家里已经购置了一台 Trane 的设备，并且运行良好，那么保持现状，待在舒适区也许是最好的选择。不过，ComfortLink 可以和任意 HVAC 产品兼容。

希望了解该系统的更多详情，可以前往 Trane 官网。

### 第三方应用和安装指南

和其他同类产品一样，ComfortLink 也有对应的智能设备应用 App。但是，这个应用 App 是由 Nexia 公司开发的，该公司的主要业务就是帮助其他智能家居企业开发应用 App 程序。Nexia 的智能家居应用 App 程序如图 4-15 所示，几乎可以处理所有智能家居任务。并且可以将 Trane 的智能恒温器作为系统中的一台设备进行管理。

图4-15：
Nexia开发的
智能应用App
可以帮助用
户远程管理
Trane的智能
恒温器

图片由Nexia智能家居有限公司提供

不得不说，介绍一家公司的应用 App 管理另外一家公司的智能恒温器产品有些让人倒胃口，不过这只是我个人的观点。如果你以前曾经使用过 Nexia 的应用 App 管理家居设备，那么这对你来说应用无伤大雅。不过如果你对 Nexia 很陌生，那么在购买 Trane 的 ComfortLink 恒温器之前，这就是一个必须考虑的因素了。再强调一下，这只是我个人的一点建议。

另外还需要注意的一点，那就是 Trane 也规定只有经销商才可以为用户安装 ComfortLink 系统。当然，我理解厂家希望经销商替用户安装设备的想法是好的，不过也应该给用户在安装方面留有选择的余地。

## ComfortLink局部温控器

ComfortLink 系统比较突出的一个优点是能够精确控制局部区域的温度。和 Lennox 类似，Trane 为整个系统提供了一整套硬件，并确保可以将一系列的硬件产品无缝集成到系统中。

局部温控功能可以让 Trane 的 HVAC 系统精确控制特定数目房间的温度，从长期看，这样可以大大节省能源的损耗。和 Lennox 的局部温控功能类似，空调设备中的气流调节器会根据用户需要打开或者关闭，上述操作主要取决于用户对家里某一独立区域的温度设定。

前往 Trane 官网可以找到所有可供用户选择的 ComfortLink II 型局部温控产品。该网站还提供了精美的宣传手册供用户浏览。

TIP

打开之前提到的 Trane 的官方网站地址，单击"Dealer"按钮之后，你会找到 Trane 的专业技师，他们可以帮助你解决和产品有关的疑难杂症。

### 4.2.7　Venstar

最后介绍，但并不是无关紧要的是 Venstar 的产品。Venstar 的 ColorTouch 恒温器（见图 4-16）丰富了智能恒温器市场的产品种类。

图4-16：
ColorTouch恒温器可以和大部分HVAC系统兼容

图片由Vensta有限公司提供

ColorTouch 包含如下特性。

» 美观大方的触摸屏界面设计非常简洁，操作也很简单。

» 你可以上传喜欢的图片，然后把它设置为 ColorTouch 触摸屏的桌面壁纸。ColorTouch 已经内置了假日和自然风光主题壁纸，不过用户还可以根据个人偏好进行个性化定制。谁会不喜欢把孙女的照片作为恒温器的桌面壁纸呢？

» ColorTouch 恒温器可以兼容大部分的系统和电源布局情况，不过你最好先咨询本地的 Venstar 产品经销商，看看 ColorTouch 是否适合安装到家里。

» ColorTouch 的语音功能支持多种语言，比如英语、西班牙语和法语等。

» 你可以使用一个超级密码将 ColorTouch 恒温器锁定，防止其他人"不小心"修改了你的机器设置。

» ColorTouch 采用了一种称为 SkyPort 的先进技术，可以方便地通过家居 Wi-Fi 网络和你的智能设备通信。你可以随时随地的通过 Venstar 的 SkyPort 应用 App 管理恒温器设备。

Venstar 的 ColorTouch 恒温器是本章前述恒温器产品的有益补充，如果你希望入手一台的话，那么最好先到它的官方网站上找到一个 Venstar 产品的经销商。前往 Venstar 官网后，单击页面上的"Distributors"选项卡，找一个离你最近的经销商网点即可。

# 第5章

# 家居保洁

**打**扫房间是日常生活中最有趣的事情之一。不知道在外出沙滩度假、乘坐加勒比邮轮与在家擦洗窗户、使用真空吸尘器打扫地板之间你会做何选择。不过毫无疑问：日常生活中，洗衣粉比润肤露更好用一些，不是吗？

抱歉，我又有点离题了，上述文字其实是我妈对美好生活的憧憬，但是实际上大多数人每天拖着疲惫不堪的身体下班回家后，还必须做一些家居清洁的工作。说实话，如果我们能闭上眼睛、扇动鼻翼，就把家里的垃圾都吹走，那么这是大家喜闻乐见的。

现在让我们把思绪从虚无飘渺的梦幻中拉回到现实中来。有一大堆洗洗涮涮的家务劳动等着去做，清理垃圾、整理房间、清洗地板、擦拭玻璃。如果你有孩子，那么仅仅是上述保洁工作已经可以让你焦头烂额了。

让我们再回到太虚幻境躲一小会儿。如果每天循环往复的部分（如果是全部那就更好了）家务劳动可以有人代劳，那就太棒了。不用拿着真空吸尘器满屋子乱转，省下的时间完全可以看看书或者在 Netflix 上追自己喜欢的连续剧，与此同时，地毯已经焕然一新了。假如你的水族箱可以让机器人代为清理，而你甚至都不需要去碰洗洁精呢？我刚才说"让我们再回到太虚幻境躲一会儿"，不过这不是幻觉，朋友，这是千真万确的！

# 5.1 外出旅行时保持家居清洁

我们理想的生活正逐渐实现，甚至我们的父母也享受到了其中的便利。儿时科幻故事中的物品已经走入了寻常百姓的生活，把人们从诸多家务劳动中解放出来。我想喜剧片《摩登家庭》里的 George Jetson 一家的生活也不过如此吧。接下来我们聊一聊当前的日常生活中，自动化完成家务劳动给人们带来的好处，以及哪些家务劳动是可以让机器代劳的。

## 5.1.1 外出时自动清洁家居

也许部分读者会认为本章的内容是本书废话最多的一章，但是我介绍的智能保洁的优点也许是读者以前未曾考虑过的。所以请耐着性子看完我例举的这些非常明显的优点。

>> 即使你因为生病、工作繁忙和生活琐事而无暇顾及，这些家务也能按时完成。

>> 用户省心是非常明显的一个特点，也许设备完成任务后顶部发出"嘟嘟"声才会提醒你注意到它的存在。让用户省心的产品实例有很多，不过我敢打赌你能够列举的亲身经历只多不少。

>> 残障人士也可以方便地使用智能清洁设备打扫房屋。它们可以省去很多雇佣人力打扫房屋的费用。

## 5.1.2 家居清洁自动化

大量家居保洁工作可以由机器代劳了。下列举出的例子已经非常棒了，不过毫无疑问这些也只是沧海一粟。

>> 自动除尘。

>> 自动清除污渍。

>> 真空吸尘。

>> 自动擦洗地板。

>> 清洁烧烤用具。

>> 清理水族馆淤泥。

还有很多可以自动化完成的家务劳动，但是这里限于篇幅就不再赘述了。在第17章，我会介绍10种在日常生活中比较少见的可以由机器代劳的家务劳动。

### 5.1.3　工作原理初探

不幸的是，大部分智能清洁设备不支持通过智能手机或者平板电脑进行管理。其中大部分产品需要用户手动设定指令，然后它们再执行这些指令。虽然这一点有些差强人意，但是也总好过用户亲力亲为完成所有家务。这些设备一般都会选用各式各样的轮胎运动设备、传感器防止撞到物品、某种清洁装置（吸尘抽取、板刷、抹布等）。

虽然即将问世的智能清洁设备都非常实用并且让你省心不少，但是请记住，家务劳动所需要付出的艰辛是必不可少的，只是你会发现在做家务时，需要你做的只是轻轻按几下设备按钮。

## 5.2　支持远程控制的智能清洁设备简介

个人电脑和智能手机行业有代表性的企业有苹果，汽车行业有通用汽车，厨具有贝蒂妙厨，玩具有芭比娃娃。智能家居清洁设备领域的主要厂商有以下几家，并且它们的产品日渐流行。

### 5.2.1　iRobot

iRobot致力于智能家居清洁业务已经有超过10年的经验，而且它还是全球首台智能真空吸尘器Roomba的缔造者，目前该产品已经家喻户晓。

Roomba（见图5-1）直到现在仍然是一款非常成功的产品，这最终使得iRobot从一家单纯的真空吸尘器企业朝着多元化的方向发展。该公司目前已经推出了多款智能家居产品，iRobot还为国防和安全机构专门研发了不少产品。（如果你对此感兴趣，可以前往他们的官方网站了解这些有趣的产品）。

从现在开始我将会向你介绍能够清洁多种地板的智能清洁设备。但是在决定付款或者将这些设备带回家之前，请务必确认一下该产品是否能够清洁家里的地板。这绝不意味着我不想让你使用该设备，只是希望确保家里的地板不会因为这些设备而造成不必要的损坏。

图5-1:
i iRobot的
Roomba是
智能吸尘器
的鼻祖

图片由iRobot有限公司提供

## Roomba

该产品自面世以来，已经累计销售超过1000万台。这是一款非常棒的智能吸尘器。

Roomba 最初的设计理念非常简单，即自动帮助人们完成家居吸尘清洁工作。Roomba 产品的清洁特性如下：

» 按下该产品顶部的"清洁"按钮之后，它会开始进行吸尘清洁工作，直到工作完成或者电力不足时才会停止。

» 清洁工作完成后或者电力不足时，Roomba 会自动返回充电基座充电。

» 该设备非常智能，可以有效识别障碍物。可以检测墙壁、家具和其他物品，并且不会从楼梯上摔下去。

» 该设备顶部有一个指示灯，当其携带的垃圾桶快满了时，指示灯会明确地向你预警。

» 你可以为 Roomba 预先指定日常工作计划，这样你就不必每次按"清洁"按钮让它去清扫房间了。

» Roomba 不仅可以清扫房间的开阔区域，犄角旮旯的地方也能应付自如。

Roomba 目前有 3 个（600、700 和 800）系列的产品可供用户选择，其功能特性也随着型号的增加而不断增强。600 系列产品包含一些最基本的功能，700

系列略胜一筹，800 系列是智能吸尘器中的旗舰产品。你可以前往 Robot 官网了解到更多 Roomba 相关的特性和产品型号信息。

iRobot 还提供了一款名叫虚拟围栏的产品，它可以让 Roomba 避免闯入用户禁止进入的特定区域。虚拟围栏在工作时会发射出红外光线，当 Roomba 检测到这些红外光线之后，就会避开该区域，就像它真的碰到墙壁或者其他障碍物一样。iRobot 提供了一款 "智能" 版的虚拟围栏灯。这些灯具可以把 Roomba 的行动范围限定在单独的房间里，它只有打扫完该房间之后，才可以移动到别的房间。在购买上述设备时，最好到 iRobot 的官网确认一下，Roomba 的型号与虚拟围栏灯是否兼容。

## Scooba

Scooba 和它的表兄 Roomba 很像，它们都可以自动帮你清洁地板。它们甚至可以使用相同型号的充电基座和配件，比如电子围栏灯（之前的章节已经讨论过）。不同之处就在于，Roomba 专门用来清理灰尘和碎屑。而 Scooba（参见图 5-2）主要用于擦洗地板上的淤泥和污垢（通过下面的列表可以知道 Scooba 可以擦洗的地板类型）。

Scooba 会使用水（或者 iRobot 提供的清洁去污剂）自动擦洗地板表面。因此，你在路过 Scooba 正在擦洗的地板时务必要小心滑倒。

Scooba 的水箱设计简单，可以方便地装填水或者强力去污剂来清洗非常脏的地板表面。下面是 Scooba 的工作原理：

» 首先，Scooba 会快速地把地板清扫一遍，将可以清除的碎片先清理干净。然后再给地板表面预先洒上水，让其表面的污垢遇水后松动（希望我的描述不会让你感到晦涩）。

» 其次，磨砂部件（我指得是刷子）会以每秒 600rpm 的速度对地板进行刷洗。刷洗工作完成之后，Scooba 的真空抽吸设备会将地板上的灰尘、杂物以及剩下的水吸走。

» 最后，Scooba 再次使用抽吸设备把整个地板再清理一次，以确保地板表面一尘不染。

根据 iRobot 提供的报告可知，上述过程之后，Scooba 可以清除地板上高达99.3% 的细菌。而且它有 40 分钟和 20 分钟两个运行周期供用户选择。Scooba 可以清理大部分家居硬地板，其中包括：

» 油地毡；

» 瓷砖；

» 石板；

» 实木地板；

» 石砖；

» 大理石。

心动了？那么可以前往 Robot 官网了解和 Scooba 有关的详情。

iRobot 还销售 Scooba 的干船坞式电池和充电基座等配件。这种充电基座有别于一般的电源适配器的地方是它可以快速地将 Scooba 设备上的水分吸干，防止细菌滋生，并且可以提供一个紧凑的存储区。

图5-2：
Scooba会以每秒高达600 rpm的速度清理你的地板，直至地板一尘不染

图片由iRobot有限公司提供

## Braava

你是否对 iRobot 在地板清洁方面的能力有了初步认识呢？目前为止，已经介绍了真空吸尘器 Roomba 和专门清理硬地板粘稠污垢的 Scooba，接下来要介绍的产品是 Braava。

Braava（见图 5-3）是你清扫硬地板的好帮手，它可以让你从每天繁重的清扫工作中解放出来。Braava 总是任劳任怨，毫无怨言，真的是大众的福音啊！

Braava 可以使用干布和湿布打扫地板。

» 当使用干布时，Braava 会沿着房间直线前进，把地板上的灰尘和碎屑清理一遍。

» 当使用湿布时，Braava 会在房间中迂回前进，这有助于它更好地清洁地板表面。

Braava 是使用自主研发的 GPS 系统完成室内导航的。iRobot 专门研发了这套北极星导航系统（Braava 内置了北极星导航部件，根据其型号略有不同），它会发射信号检测天花板的布局，之后 Braava 会接收这些信息。这样可以帮助 Braava 了解整个房间的布局，甚至可以知道其自身在房间的位置。如果你不得不中途改变 Braava 的目标清洁区域，你只需要让它停止工作即可，之后它会记下最后离开房间的位置。把一只拖把打造得如此聪明，感觉很酷也有点吓人。

你还可以购买多个北极星导航器，这可以大大扩展 Braava 能够清扫的区域范围。

图5-3：
iRobot的
Braava可以
让你的扫帚
提前退休了

图片由iRobot有限公司提供

希望了解更多有关 Braava 的信息，可以前往 Robot 官网，同时还可以观看北极星导航系统的精彩实战视频。

后续章节还会介绍更多 iRobot 产品，敬请期待。

## 5.2.2 LG

LG 这个品牌可谓家喻户晓，它涉及的领域非常广泛，小到手机，大到冰箱，不胜枚举。本节和它有关的内容主要是介绍 LG 帮助用户清洁衣物的产品。

LG 的 ThinQ 系列智能家电产品融合了互联网元素，过去人们使用家电时必须站在家电的控制面板前给它下达指令之后，它才能开始工作。ThinQ 智能家电改变了这一现状，它们涵盖的范围从冰箱到洗衣机，非常广泛。用户可以通过互联网访问这些家电，并且它们还可以自动更新相关的系统软件。ThinQ 智能化技术包含如下特点。

>> 洗衣机和烘干机可以通过家里的 Wi-Fi 从 LG 官方网站下载改良后的工作周期程序，以及其他软件更新，而且它们都是免费的。

>> 洗衣机和烘干机在开始工作、工作完成和任务中断时会及时提醒你。

>> LG 的智能洗衣应用 App（见图 5-4），可以让用户随时随地地管理洗衣机。你还可以使用它下载上述洗衣和烘干衣物的工作周期程序和软件更新。

图5-4：
LG的ThinQ系列智能洗衣机应用App可以让用户随时随地的管理洗衣机的洗衣和烘干过程

图片由LG电子有限公司提供

希望了解更多 LG 的 ThinQ 系列智能洗衣机和烘干机的信息，可以前往该公司官网。如果你喜欢（也许不喜欢）烹饪，可以参考第 8 章介绍 LG 的 ThinQ 系列智能厨房的相关内容。

## 5.2.3  RoboMop

目前本章已经介绍了不少高科技的家居清洁产品，而且以后会越来越多。不过现在我想放慢节奏，将目光转向一款科技含量较低的清洁产品：RoboMop。

RoboMop 宣称的目标是：让用户的硬地板一尘不染。但是这并不是我说的科技含量较低的部分。你将不得不对它的极简设计暗自称奇，如图 5-5 所示，这就是我说的科技含量较低的地方。

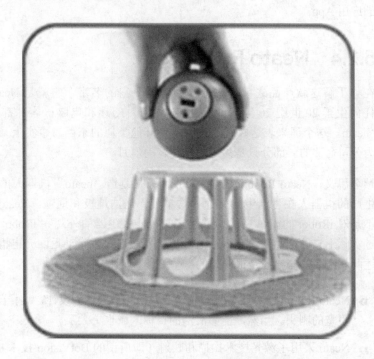

图5-5：
RoboMop结
构简单，但是
非常实用

RoboMop 的设计不赶时髦，并且也不属于那种经久耐用的产品。它是清洁脏乱地板的利器。RoboMop 使用一个内置于塑料框架中的自动机械球来清洁地板。下面是它清洁地板表面灰尘和杂物的一般流程。

（1）先给机械球充电 3 小时。

（2）固定好塑料框架下面的清洁棉板，然后将它放置于地板上。

（3）使用机械球内部的计时装置，设定它的工作时间。

（4）将机械球放置于塑料框架中，然后它就可以开始清洁地板了。

RoboMop 将会根据用户设定的工作时长进行工作，一般都能完全解决用户地板脏乱的问题。

不仅该 RoboMop 的清洁理念非常棒，并且价格也不高。但它并不是那种你在本地超市随处可见的商品。你可以通过若干网上经销商比如亚马逊订购该产品，还可以通过它的官方网站观看一小段关于如何使用 RoboMop 的在线视频。

另外，为了不浪费你的时间，事先告诉你 RoboMop 并没有提供 iOS 和 Android 的应用 App。

## 5.2.4　Neato Robotics

在你了解这款产品之前，你也许会先爱上它的名字，它就是 Neato Robotics。任何生于 20 世纪 70 年代或者 80 年代的科幻迷和电脑极客，都曾经使用过"neato"这个词来表达时髦的技术或者其他类似的东西。事实上某些人把它作为公司名称的一部分只是为了缅怀往昔的岁月。

顾名思义，Neato Robotics 的厂家的目标是制造"neato"机器人的。不过他们生产的机器人在生活中的用途非常单纯：清洁地板和地毯。Neato Robotics 并不是对 iRobot 的简单模仿，虽然它的智能吸尘器的外观和 iRobot 的很像，不过实际上它的产品更小巧，而且在电力不足时可以自动返回充电机座充电。上述两款产品的差异还是很明显的：

» Neato Robotics 的吸尘器的前部是方形的平板电脑设计，这样就可以配备更宽的刷头。当然，能够清洁的目标区域也更大了。

» Neato 采用了激光技术扫描和映射（即所谓的 BotVision 技术）正在打扫的房间，然后根据上述结果制订工作计划。就如官方网站宣称的那样，他们的机器人不是"只会横冲直撞"。

» Neato 还为你提供了边界标记—磁条。你可以把它们摆放在地板上，组成一个 Neato 的机器人无法逾越的边界。你可以根据需求放置这些磁条，比如门口，以及其他特定区域。

» Neato 秉承"大而美"的设计理念，因此更大的污物仓、超大的过滤器和更宽的刷子都是上述理念的直接体现。

Neato 有两大产品系：BotVac 系列和 XV 系列。BotVac 系列产品（其中某款产品如图 5-6 所示）包括更宽刷头的高端产品，同时这些产品比 XV 系列的产品价格更高一些。不过说实话，你还真的无法将这两个系列的产品混淆。这两个系列的产品都受到了 CNET 的大力推荐，而且你可以前往它们的官方网站看看顾客对它们的评论。

图5-6：
BotVac 70e
只是Neato
Robotics旗下
BotVac系列和
XV系列广受赞
誉的产品之一

图片由Neato Robotics有限公司提供

## 5.2.5　Grillbot

注意了，喜欢在家烧烤的朋友们，有一种非常容易的方法可以清洁家里的烹饪设备。不过这里的容易是相对于机器人来说的。没错，不需要因为拿着成千上万金属刷毛做的刷子而误伤手指了，也不必因用力不当而致手指关节脱落了。现在有一个机器人为你代劳。

Grillbot 是每个喜欢在家烧烤、但是讨厌清洁烤架的人梦寐以求的东西。Grillbot 标配有 3 支短毛黄铜刷，可以使用它们清洁你的烧烤炉篦达 30 分钟之久。上述刷子可以和洗碗机的刷头共用，而且安装和拆卸都很方便。

Grillbot 提供了比黄铜刷更耐用的不锈钢刷头可供用户选择（不锈钢刷头可以处理更艰巨的任务，并且无须更换刷头）。你可以前往 Grillbot 的官方网站购买这些配件。

下面是它的工作原理：

1. 烧烤你喜欢的肉类和蔬菜，然后饱餐一顿！
2. 将你的烧烤设备冷冻至 250 华氏度（约 120 摄氏度，更冷一些也无妨）。永远不要在明火之上使用 Grillbot 设备！

3．把 Grillbot 设备放在需要清理的烧烤设备上，如图 5-7 所示。

4．对于 Grillbot 的启动按钮，按下 1 次代表运行研磨式的清洁工作周期为 10 分钟，按 2 次代表工作周期为 20 分钟，按 3 次代表工作周期为 30 分钟。

5．5 秒钟后，Grillbot 会开始执行清理工作，这样做是为了给用户时间将烤架的盖子合上。

6．Grillbot 到达工作周期之后会停止工作，并向你发出通知：清洁工作完成了。

图5-7：
Grillbot的目
标是成为烧烤
爱好者的最佳
伴侣

图片由Grillbots提供

WARNING

请注意，务必要将烧烤架的盖子关闭！在用户预设的 5 秒之后，Grillbot 将会在烧烤架内开始清洁工作。如果没有关闭烧烤架顶部的盖子，当它开始工作后，清理烧烤架时产生的灰尘和碎屑就可能随之飞出，继而进入人眼。

但愿有一天 Grillbots 能够推出可以清洁木炭灰的烧烤清洁设备。在此之前，你会发现很难找到一个和它媲美的父亲节礼物了。特别是对于我家来说尤其如此！

## 5.2.6  RoboSnail

我可以想象本书的部分读者在看到这个标题时会沮丧地将书丢到一边，或者跳过本节直接去看后续章节。

如果你是上述感到郁闷的读者之一，那么我想让你知道，本节我并不打算介绍黏糊糊、会动的一小团淤泥。更精确地说应该是水族馆里的淤泥。RoboSnail（见图 5-8）并不是机械战警电影续集里的身负重伤的蜗牛那样，大难不死后籍由先进机器人技术获得重生，然后把犯罪分子一网打尽的超级战士。听上去似乎很酷，但是实际上 RoboSnail 只是拥有水族馆的家庭的专属福利。

RoboSnail 既不清洁你的地板，也不会打扫你的烧烤架。它主要用来清洁水族馆。它是世界上首台智能清洁水族馆的设备，比如执行一些日常的水族馆玻璃的清洁任务，这样可以防止水族馆玻璃内壁堆积藻类。

图5-8：
RoboSnail能
够防止藻类占
领你的水族馆
玻璃内壁，让
你的鱼儿可以
更好地监视你

图片由AquaGenesis国际有限公司提供

RoboSnail 由两个移动部件一起协作，来防止藻类占领你的水族馆玻璃内壁。第一个是 RoboSnail 设备本身，它会附着在水族馆玻璃的外壁上，它是整个工作的核心部件。第 2 部分是 RoboSnail 的搭档—清扫器，它会附着于水族馆玻璃的内壁上。这两个部件通过一块磁性非常强的磁铁透过玻璃组合在一起。不必担心磁铁对水族馆里的鱼儿有什么影响，除非有外星人希望使用你的水族馆作为入侵地球的跳板，这样一来反而是无心插柳了。

RoboSnail 能够在日常生活中帮你清理水族馆，因此它也需要定期维护才能达到最佳工作状态。不过和每日自动清理你的水族馆内壁的海藻所需的投入相比，这些维护费用非常低。大部分水族爱好者对清理水族馆的工作是非常讨厌的，因此对于他们来说：RoboSnail 简直是救命神器！

第6章

# 智能照明

月黑风高的夜晚……你躲在被窝里。

也许大家对"月黑风高"这个词在小说修辞上的看法褒贬不一，不过月黑风高的夜对于很多人肯定是不堪回首的。

特别是晚上屋外风雨交加，雨水敲打窗台发出了不规则的哒哒声，你又听到别的声音，只是这次异响是从厨房里发出的，你非常希望爬起来去看看到底发生了什么？不过身体却僵硬地无法动弹。

如果可以在被窝里就把厨房的灯打开，那就太好了，不是吗？在厨房里的不速之客突然发现灯亮了肯定会吓得惊声尖叫，然后逃之夭夭，是不是很酷呢？这样肯定比自己去伸手不见五指的地方要强了许多吧。

你突然记起最近家里安装了一套智能照明系统，这时只需拿起放在床头柜的智能手机，打开相关的应用 App，轻轻点几下手机屏幕即可。

打开厨房灯具的一刹那你听到了几声急促的异响。接着看到你的丈夫手里拿着刚做好的火鸡三明治从厨房里奔了出来，然后跑进车库里希望隐瞒他又偷偷给自己加餐的事实。如果没有智能照明系统，也许不速之客已经得手并逃之夭夭了。以人为本的科技的确帮了大忙！

# 6.1 智能照明，点亮生活

从远古时代穴居人在山洞中钻木取火，到 19 世纪 70 年代。火在人们夜间生活中一直扮演着很重要的角色。从篝火到火把，再到蜡烛、煤油灯，火发出的光亮让我们晚上得以在洞穴的岩壁上作画、阅读羊皮卷轴，以及其他户外活动。

1879，爱迪生发明了使用碳化竹子做灯丝的灯泡之后一切都变了。从那时起，人类与黑暗做斗争的方式取得了长足的进步。

我很喜欢看从外太空拍下的地球的夜间全景照片，如图 6-1 所示，看了这张照片，或许大部分人会对爱迪生的贡献感激涕零吧。对于现代生活的诸多便利，在没有遇到问题或者无法使用它们时，可能根本就不会感知到它们的存在。

虽然我们已经有了非常发达的照明系统，不过我们还得学会如何经济、环保地使用它们，智能照明就是不错的解决方案。

## 6.1.1 智能照明的源起

随着技术的进步和人类知识的日益丰富，更加合理地利用现有的自然资源就是题中之义了。因为人们使用大量能源进行发电照明，智能照明技术的出现也就水到渠成了。

图6-1：
NASA的照片显示了夜间地球表面有灯光的区域分布。真是太壮观了！

图片由NASA提供

智能照明的好处是显而易见的，当然并不是非常明显。其中包括：

» 智能照明技术可以帮你实现人来灯亮、人走灯灭的效果。虽然听上去非常简单，当有人进入时开灯，人离开后灭灯，不过这的确能大幅度节省电费。

» 灯火通明的房间往往会让那些不速之客望而却步。开着灯的房间比那些漆黑一片的屋子被盗的几率会小很多。智能照明系统可以帮你在外出时晚上把家里的灯打开，伪装成家里有人的样子。

» 智能照明系统可以根据其他照明条件（比如日光）调节灯光的亮度，从而节省电费。

» 可以远程管理照明系统是不折不扣的实用特性。如果你有事需要外出而忘记关灯，那么只需要使用智能手机上的应用 App，把家里的灯都关掉即可，完全没必要花冤枉钱为电力公司做贡献。

» 智能照明系统还可以大大提高家居的安全系数。比如，你的宝宝晚上从婴儿床爬了出来，运动传感器可以检测到有人活动，然后把相应区域的灯打开，这样就避免了宝宝因为黑暗而横冲直撞，继而发生不必要的磕碰。

## 6.1.2　智能照明技术简介

智能照明是智能家居的重要组成部分之一。当提起智能家居时，人们自然会联想到居室内光源的开闭，而且支持远程管理对于智能控制技术来说是如虎添翼，特别是和我们日常生活的照明相结合时尤其如此。接下来我们简单地了解一下当前的智能照明技术发展趋势。

我要讨论的部分照明技术会涉及几种特殊类型的灯泡，其他则不然。为了经济环保地实施你的智能照明解决方案，建议最好使用节能灯泡。它们不仅节能而且耐用，不需频繁更换。

下面是一些你打算部署一套智能照明解决方案时，可以根据需要择优选取的建议。

» 为你的智能照明系统预设一套定时开闭的日常计划。

» 采用智能照明方案之后，不但可以节省电费，而且可以大大延长灯泡的使用寿命。

» 使用一系列的预设条件来匹配家居中的特定场景。比如,你打算和某人度过一个浪漫的夜晚,你可以使用"约会之夜"的设置将某个房间的灯光调暗,并把其他房间的灯都关闭。或者把你的客厅装修成最浪漫的世外桃源也未尝不可。其他场景设定还包括以下几种。

- 睡眠模式:这一设置会关闭房间中大部分的灯,只策略性地开着浴室和走廊的灯。

- 聚会模式:该设置会打开家里大部分光源,而且可以根据需要将灯光调暗,烘托气氛,你甚至可以使用该设置控制熔岩灯和迪斯科球。

- 晨间模式:该模式会打开床头灯和厨房的灯,当然还有车库的灯,因此你可以在清晨方便地去车库开车上班了。

» 你的智能照明系统可以采用运动传感器来提高效率。当你进入某间房时,系统会自动开灯,当你离开时,系统自动关灯。这样灯光就与你形影不离了,电力公司一定会奇怪你最近的电费为何会大幅下降。运动传感器可以检测到房间里是否有人,因此可以在你的智能照明系统中进行更精细的控制。

上述内容只是智能照明技术为你的生活提供诸多便利的一小部分。学习了下一小节关于智能照明主流产品的简要介绍之后,就开始为提高生活质量和银行账户余额而做点什么吧。某些迹象表明电力公司也并不会为此怀恨在心,所以理直气壮地选用智能照明产品吧!

# 6.2 智能照明主要产品简介

在智能照明市场上,有不少希望使用他们的产品点亮用户生活的重量级选手。其中某些品牌早已家喻户晓,而某些品牌也许是你第一次接触。不过请放心,对于智能家居照明来说,这些都是广受赞誉的产品。

## 6.2.1 Philips

Philips 一直是照明领域的巨头,而且它在智能照明领域的表现也非常抢眼。Philips 开发了一套能够改变你对客观世界认知的智能照明系统。这听上去未免有些夸大其辞,不过在你看到该公司在智能照明方面的诸多努力之后,我想你也会对此点头称是的。

## hue

Philips 在智能照明领域的主推产品是一个叫 hue 的小东西。hue 不是一台单一的设备，而是指能够重新定义用户照明空间的一系列产品。"重新定义"这个词对于照明来说似乎有些哗众取宠之嫌，不过我会情不自禁地对 Philips 的 hue 系列产品和改善你的日常生活的作用大加赞扬。

接下来，我会介绍 hue 系列产品的主要构成。

hue 系列产品采用的不是普通灯泡而是 LED 灯泡，不过它们也可以和常用的灯座兼容，因为它们也是标准的 A19 尺寸（大部分白炽灯泡尺寸也是如此），但是它们的特点不限于此。

hue 的灯泡可以通过无线网络（使用 ZigBee 协议，关于该协议的详细信息可以参考第 1 章）和 hue 桥接器相连（见图 6-2），该桥接器继而可以和家里的 Wi-Fi 通信，这样用户就可以使用智能手机或者平板电脑上的 hue 应用 App 管理 hue 系统了。

图6-2：
hue初始套装
包含3个灯泡
和一个桥接器

图片由Koninklijke Philips N.V提供

hue 灯泡可以发出白色的强光照亮整个房间。不过它的功能不限于此，它的灯泡能够发出所有可见光的颜色来帮助用户配置房间的照明场景。没错，我说的是：一只灯泡可以发出所有颜色的光。

下面是 hue 产品的一些特性：

>> 一个桥接器最多可以控制 50 只 hue 灯泡；

>> 使用不同颜色的灯光可以使你的房间五彩斑斓。

>> 使用 hue 的应用 App 设定一些灯光主题方案。还可以对这些主题进行分类组合，创建新的方案，应用 App 的使用简单易懂，重新设置和组合这方案也很容易。下面是一些现成的内置主题。

- 阅读模式：hue 照明系统会自动为你设定最佳的阅读照明环境。

- 专注模式：这个主题可以帮你集中注意力。

- 活力模式：本主题模式很适合让你的大脑保持斗志昂扬的状态。

>> 使用 hue 的应用 App 可以方便的定制灯光颜色和亮度。

>> 你可以根据喜好设定 hue 灯泡的工作模式，比如不同频率的闪烁作为警告或者提示的信号。你可以设定 hue 灯泡闪烁 3 次来表示收到新的电子邮件。

>> 为 hue 灯泡设定日常的打开和关闭计划。

>> 地理围栏功能可以让 hue 获知用户在快到家时自动响应。当用户距离房屋小于一定距离时，智能照明系统会自动打开相应的灯泡。

>> 应用 App 可以根据用户智能手机或者平板电脑中的图片对灯光进行配色，如图 6-3 所示。比如今天的天空万里无云、非常蓝，那么你可以对着天空照一张相，留待以后细细品味。你还可以使用 hue 的应用 App "观赏"这张照片，然后创建和照片中天空颜色一致的灯光颜色。

TECHNICAL
STUFF

hue 的灯光主题设计科学合理。颜色的确可以在潜移默化中影响人的情绪，至少可以让我们不需花太多精力在住宅上。Philips 提供了一个专门帮助用户使用照明设施的网站，它可以教你如何从中受益（也许可能是受害），它的名字叫照明大学。

### 安装 hue
hue 系统的安装非常简单。

（1）用 hue 的灯泡替换掉普通灯泡，然后打开灯泡开关。

（2）使用 Philips 提供的以太网电缆把 hue 桥接器和家里的 Wi-Fi 网络相连。

（3）为你的 iOS 或者 Android 设备下载 hue 应用 App 程序。

（4）在智能设备上启动 hue 应用 App 程序，找到对应的桥接器。

（5）找到桥接器之后，你就可以看到在第（1）步安装的灯泡了。

现在你已经安装好 hue 系统了。接下来可以根据需求方便地添加更多灯泡了。你还可以添加其他 hue 系列产品到系统中。如果你使用的是 hue 系列产品的初始套件，那么也不必拘泥于标准的 A19 灯泡。

图6-3：
hue的应用App
可以使用你的
智能手机或平
板电脑中的照
片颜色定制灯
光的颜色，只
需提取照片中
的颜色，一切
就大功告成了

图片由Koninklijke Philips N.V提供

## Hue插座

如果说 hue 照明系统有什么美中不足之处，那么很有可能是它只支持用户使用 iOS 或者 Android 智能设备打开 / 关闭灯泡。你再也无法像过去那样，在父母突然过来打扰你时，使用电灯开关迅速地把灯关掉。你可以想象这样一来会有多麻烦，特别是家庭成员很多时，如果你教会子女如何使用智能照明系统，那么他们也可以管理这些设备了，而你的配偶对灯光的配色也有自己独到的见解，其他乱七八糟的事情也会接踵而至，真是众口难调。

Philips 公司虚心接受了用户的反馈和建议，因此他们为此做了一些尝试，hue 开关应运而生了，如图 6-4 所示，它是一台包含 4 个按钮的开关，你可以在家里随意摆放它，也可以把它安装在某个特定位置。这个开关不需要使用应用 App 就能控制 hue 系统。不过不用担心，你的 hue 系统仍然可以和应用 App 一起协作。这个开关的作用就是你不必为了控制照明系统，频繁地拿起智能手机或者平板电脑设备。

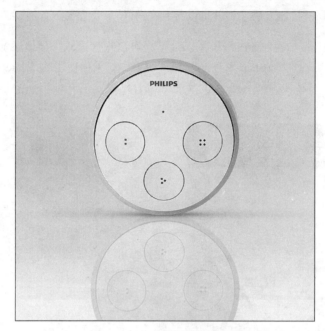

图6-4:
hue开关可
以作为独立于
hue照明系统
之外的照明开
关使用

图片由Koninklijke Philips N.V提供

我前面曾经说过这个开关有 4 个按钮,不过乍一看,它似乎只有 3 个按钮。只是看上去似乎只有 3 个按钮,另外一个按钮是这个开关最大的部件,其他 3 个按钮都内置于这个较大的按钮之中了。

hue 开关的特性如下。

- » 可以使用 hue 的应用 App 设定这 4 个按钮的功能。

- » 在家里可以随处摆放这个开关,便携性非常好。

- » 这个开关不需要使用电池驱动,它是动能驱动的,也就是说它的能源来自用户的触摸。就这一点来说,它就是物超所值的。

你可以上网了解 hue 系列产品,以及如何购买这些产品。它还包括若干非常棒的视频和帮助信息。

## 6.2.2 INSTEON

INSTEON 涉足智能家居行业已经有超过 20 年的历史。丰富的行业经验使得其智能家居产品种类繁多,涉猎广泛。如果把智能家居产业比作一款游戏,那么 INSTEON 就是一名资深玩家。下面是该公司涉及的产品领域:

- 安防；

- 运动传感器；

- 洒水器控制；

- 能源监控；

- Wi-Fi 摄像头；

- 烟雾探测；

- 恒温器；

- 遥控器。

在我看来，INSTEON 在智能照明领域的表现也是可圈可点的。从灯泡到调光开关，INSTEON 在这些产品上的散热技术都是非常先进的。LED 灯泡经济又环保。INSTEON 还在调光器和开关上下了不少功夫，通过减少设备的数量来达到节能降费的效果，而且可以兼容不支持调光器的照明设备。该公司还研制了一种智能集线器，它可以帮助用户方便地远程管理所有智能灯泡。也许你已经迫不及待地想了解 INSTEON 的智能照明产品，希望对我介绍的产品一探究竟了。

**TECHNICAL STUFF**

在开始了解 INSTEON 相关的内容时，很有可能会遇到双频通信这个名词。双频通信技术是 INSTEON 的智能家居设备之间通信的协议标准。INSTEON 使用家居电线和 RF（射频）两种通信方式实现设备间的通信。这种做法可以确保无论一台 INSTEON 设备与另外一台 INSTEON 设备或者集线器有多远，它们都可以保证稳定的通信。INSTEON 的技术实力不得不让人竖起大拇指！

## LED bulbs

由于本章的主题是照明，那么接下来我们看看 INSTEON 的 LED 灯泡产品，如图 6-5 所示。INSTEON 推出的 LED 灯泡比普通灯泡的能源利用率更高，9～12 瓦（灯泡型号不尽相同）的 LED 灯泡的亮度和普通的 60 瓦灯泡相当。

- LED 灯泡能够兼容普通的灯泡插座（一般的 A19 插座和 PAR38 壁橱插座），因此用户不必再购买新的灯座。

- 可以使用不同级别（预设亮度）定义个性化照明场景和启动速度（打开和关闭灯泡的时间）。

- 将 INSTEON 的灯泡色温设置为 2700K，给用户营造温暖舒适的氛围（这和我们平时使用的白炽灯的色温类似）。

图6-5：
INSTEON的
LED灯泡，和
标准的A19型
号一致，它可
以大大节省电
费并延长使用
寿命

图片由INSTEON提供

INSTEON 的 LED 灯泡是世界首个网络化的可调光灯泡，它包含如下特性。

» INSTEON 灯泡的预期使用寿命可达 52000 小时，和普通的灯泡寿命 1000 小时相比，又可以省下不少购买灯泡的费用。

» INSTEON 宣称，它的节能灯泡平均每年的成本是 96 美分，而普通灯泡则需要 7 美元。

» INSTEON 的灯泡自带可调节亮度的功能，这个功能并不是市面上所有 LED 灯泡都支持的。

INSTEON 灯泡虽然内置了亮度调节装置，不过你还需要 INSTEON 的调光器，或者使用 INSTEON 的集线器和 INSTEON 的应用 App 协同工作，才能方便地实现调节亮度的功能。此外，INSTEON 的灯泡和普通的调光器是不兼容的。

希望了解 INSTEON 灯泡的详细信息，可以前往 INSTEON 官网。

INSTEON 的灯泡可以和 INSTEON 的运动传感器搭配使用。安装传感器之后，当用户进入房间时，灯泡可以自动打开，离开房间后，灯泡自动熄灭。

### INSTEON的调光器和开关

INSTEON 的 LED 灯泡是非常棒的产品，不过为了充分发挥这些灯泡的作用，你还需要入手 INSTEON 的调光器和开关搭配使用。这些小家伙都是 INSTEON 的系列产品，因此它们可以无缝集成到家居的 INSTEON 环境中。

INSTEON 的 SwitchLinc 系列调光器和开关都是屡获殊荣的产品，它们有 4 种型号可供用户选择，每种产品因型号差异，用途略有不同。

» **2474DWH**：这款产品主要用于代替那些没有零线的分线盒的。它的第一个特点是只能使用射频通信，不支持射频和电线两种方式的双通道通信。第二个特点是只能用于可调光的白炽灯，不兼容 LED 灯泡。

» **2477DH**：这款产品是专门为了处理高功率的调光开关而设计的。它支持的最大功率可达 1000 瓦。它需要在接线盒中配备零线才能使用。

» **2477S**：这款开关的功能简单，只能打开和关闭灯泡，没有调光功能。不过它仍然可以加入你的 INSTEON 网路中，你可以远程控制的不只是灯泡，还可以控制吊扇等家电。

» **2477D**：这款调光器产品，如图 6-6 所示，是这 4 款产品中最畅销的产品。它常用来调整和开闭家居环境中的灯泡。如果你的灯泡支持调光，而且你的接线盒有零线，那么这款产品很适合你。

图6-6：
INSTEON的
2477D调光器
能够处理大部
分家居调光和
开闭灯泡的需
求，而且它还
支持远程控制

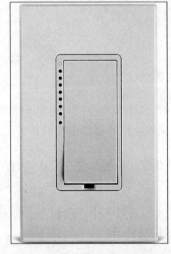

图片由INSTEON提供

TIP

如果上述产品的外观不符合你的审美情趣，那么也不必担心，INSTEON 的调光器和开关不仅有白色的外观，还有很多种样式可供用户选择。

希望了解上述调光器和开关的详情，可以前往 INSTEON 官网。

### INSTEON的应用App和集线器

INSTEON 擅长的领域是照明、调光器和开关，不过当前是智能手机的时代，大家希望从控制照明到煮咖啡这些琐事，都可以通过轻轻点击一下手机屏幕就能大功告成。INSTEON 对于这些可以方便用户的想法当然不会置之不理，他们推出的支持 iOS 和 Android 设备的智能集线器和应用 App 就是很好的证明。

INSTEON 的集线器，如图 6-7 所示，是你的 INSTEON 智能家居产品的控制中枢。它不仅可以把上述智能设备连接到一起，而且能够通过上述应用 App 管理这些智能设备。

图6-7:
INSTEON的集线器可以让用户远程管理智能家居照明系统（和其他智能家居系统兼容）

图片由INSTEON提供

INSTEON 的集线器功能非常强大（在这里我列举的只是其中的一小部分），本章的主题是照明，因此，下面介绍几种集线器管理照明设备的方式：

» 你可以随时随地管理家居照明设备，不管你是在家还是外出旅游（当然你得能够上网）。

» 你的个性化配置信息存放在厂家的云服务中，所以不管你有多少智能手机或平板电脑，用户体验都可以保持一致。

» 每当有问题或者异常情况发生时，用户都会收到邮件或者即时短信提醒。

» 购买集线器是一次性投入，不需要向 INSTEON 交月租费用（个人认为这是 INSTEON 的一大特色）。

» 集线器也采用了之前讲过的双频通信技术，采用了双频通信技术的 INSTEON 设备之间通信可以使用电线和射频两种方式。

» 管理集线器和 INSTEON 设备可以使用智能设备上的 iOS 或者 Android 的应用 App，以及个人电脑上的 Web 浏览器。

本节已经提及 INSTEON 的应用 App 不止一次了，接下来将对它进行详细介绍。INSTEON 的应用 App，如图 6-8 所示，支持用户通过智能手机或平板电脑管理所有的 INSTEON 智能设备，不过它的运行环境要求 iOS 或者 Android 操作系统的版本最好相对较新一些，否则部分功能可能无法使用。INSTEON 的照明管理功能包含如下特性。

» 可以独立管理家里的照明设备，比如灯泡、调光器和开关。

» 配置照明场景，比如有人模式、外出模式等。

» 根据用户喜好，设定照明设备的工作计划，比如白天时段和夜间时段。

» 根据外部光照环境，配置灯泡的色温和亮度。

希望了解更多关于 INSTEON 集线器的使用方法，以及其他智能家居需求，可以前往 INSTEON 网站，而且可以提交你的反馈意见。

## 6.2.3 TCP

TCP 这家公司在节能照明市场上已经有 20 多年的历史了，它进入智能家居市场的切入点就是灯泡。

图6-8：
INSTEON的应用App让用户能够随时随地地使用iOS或者Android的智能手机和平板电脑通过互联网管理家居照明系统

图片由INSTEON提供

该公司推出的极连系统使用的是 LED 灯泡（见图 6-9），并且这些灯泡都很漂亮。下面是该产品的部分特性。

» 它的 LED 灯泡的亮度是 800 流明，可以和普通的 60 瓦灯泡媲美。极连系统的灯泡是本章目前讨论过的灯泡中亮度最好的。

» 这些灯泡也是智能化的，它们可以和照明网关通信，这样用户就可以随时随地管理这些设备了。

» 他们的灯泡提供两种型号，一种是 A19 型，可以适配标准的灯泡插座，另外一种是 BR30 型，可以兼容嵌入式灯座。

» 每种型号的灯泡的灯光都是暖白色或者和日光颜色接近，不过你也可以将二者混合。

了解 TCP 极连系统的最佳方式是购买一套该产品的入门套件：

» 3 个灯泡（有两种入门套件可供选择，包含了两种灯泡尺寸）；

» 一台照明网关；

» 一部遥控器。

图6-9：
TCP的LED灯泡的效能可以和普通的60瓦灯泡媲美

图片由TCP国际有限公司提供

极连系统的安装非常简单：

（1）用墙上的开关先把灯泡插座的电源关闭；

（2）使用极连系统的 LED 灯泡替换现有的普通灯泡；

（3）将灯泡开关打开；

（4）使用网线和电源线把照明网关添加到家居 Wi-Fi 环境中；

（5）从 iOS 或者 Android 应用商店下载 TCP 照明应用 App；

（6）根据屏幕提示向导设置极连系统的灯泡配置。

一旦你在智能设备上打开该应用 App 之后，它会自动搜索相关的灯泡设备。

如果你对 TCP 的产品感兴趣，可以前往其相关网站了解更多信息。

TCP 的极连 LED 灯泡和 Wink 系统是兼容的（希望了解 Wink 系统的详细信息，可以参考第 14 章）。这意味着如果你已经有了一台 Wink 集线器，那么就无须购买 TCP 的入门套件产品了，只需购买单个的 TCP 极连灯泡即可。Wink 集线器完全可以替代 TCP 的照明网关，而且 Wink 的应用 App 可以在你的 iOS 或 Android 设备上远程管理这些照明设备。

## 6.2.4 SmartThings

SmartThings 是另一家专注于智能家居的公司。虽然它在智能家居行业名声不大，不过作为智能家居厂商，它们的产品也逐渐受到大众的追捧。

它的智能家居设计理念是围绕 SmartThings 集线器展开的，该设备是管理所有 SmartThings 智能设备的控制中心。这个集线器可以参见图 6-10，当然也可以使用智能设备的应用 App 进行管理。

"好吧，它和同类产品一样，有一个集线器和应用 App"，我知道读者一定会这样想。

依我看来，SmartThings 的应用 App 也许是本书迄今为止介绍的最好的智能家居应用 App 之一。它不仅界面美观大方，而且功能也是首屈一指的。不过，让 SmartThings 铸就今天的辉煌的不只是它的集线器和应用 App，还有很多知名厂商和 SmartThings 联合开发了不少顶尖的智能家居产品，虽然本章的主题是照明，不过我仍然想提一下他们，其中部分和 SmartThings 合作过的公司包括：

» 通用电气；

» 永旺实验室；

» 日本分光株式会社；

» SmartPower。

图6-10：
SmartThings
的集线器可以
保证用户方便
快捷地管理智
能设备

图片由SmartThings有限公司提供

SmartThings 为用户提供了独立的产品，而且还有很多入门级的产品套件供初
级用户选择，这样还可以帮助用户养成很好的智能家居产品使用习惯。

其中初级套件涵盖的范围包括漏水监测、安防和节能等领域。由于本章的主题
是智能照明，因此我在这里只介绍智能照明相的关入门产品，如图 6-11 所示，
这些套件包括以下几个部分。

» **SmartThings 集线器**：统一管理你购置的 SmartThings 产品，随着添置产
品数量的增加，你会发现使用集线器管理这些设备非常方便。

» **SmartPower 插座**：你可以将灯具插在该插座上（可以根据需要，将任
意电器与之相连），然后就可以通过插座来间接控制其上的电器了，甚
至可以在用户离开后忘记关灯，之后收到提示信息。当然，你也可以使
用 SmartThings 的应用 App 关闭这些照明设备。

» **日本分光可插拔调光插座**：这个插座可以和普通的墙壁上安装的插座搭配使用，这样就可以实现一个使用 Z-Wave 协议的 AC 插座的功能，并且可以通过 SmartThings 的集线器和应用 App 对上述设备进行管理。这款产品就像广告里描述的那样，可以让用户方便地管理照明系统。

» **永旺实验室的智能遥控器**：该产品是一个可以远程管理你的 SmartThings 产品的设备。你可以使用它替代智能手机和平板电脑远程管理照明系统，如果你嫌使用智能手机管理照明系统麻烦的话，那么该产品是一个不错的替代品。

图6-11：SmartThings的初级智能照明套件可以满足大部分入门用户对家居智能化照明的需求

如果你只是希望了解 SmartThings 的移动应用 App 的工作机理，那么可以前往它的官方网站下载该程序免费试用。说实话，该应用 App 界面美观，功能也非常实用，如果可以免费试用，那么何乐而不为呢？

希望了解上述产品的详情，可以前往 SmartThings 官网。

## 6.2.5　Belkin

第 4 章已经介绍过使用 Belkin 的 WeMo 产品管理恒温器，现在我们来看一看该公司的同一款产品是如何管理照明系统的。

### WeMo的LED照明初始套件

WeMo 的 LED 照明初始套件能够帮助初级用户以 WeMo 的方式了解什么是智能照明。

上述初始套件，如图 6-12 所示，其中包括如下物品。

> **两个 WeMo 智能 LED 灯泡**：这些灯泡的发光效率和普通的 60 瓦灯泡相当，而且它们也支持场景调光，因此可以节省不少电费。

> **一个 WeMo 集线器**：该设备是一个中央控制系统，最多可以管理 50 个 WeMo 的智能 LED 灯泡，因此可以方便地管理整个家居环境的照明。

图6-12：
WeMo的照明初始套件提供了经济实惠的智能照明解决方案

图片由Belkin提供

只需安装好灯泡，然后把集线器和家居 Wi-Fi 网络相连，下载应用 App，你就可以使用应用 App 管理这些灯泡了。当你启动该程序时，它会自动寻找这些灯泡设备，接下来你就可以高枕无忧了。

### WeMo开关

Belkin 还为用户提供另外一个选择，那就是 WeMo 开关，它几乎能够兼容所有电器。将该开关插在普通的额定电压为 120 伏特的标准插座上，然后把用户希望管理的电器与之相连即可。你可以把任意灯泡安装到该开关上，然后你只要可以上网，就可以随时随地地管理这些设备。

用户可以免费获取该产品的 iOS 和 Android 的应用 App，在智能设备上安装好该应用 App 之后，就可以轻松地管理插在该开关上的电器设备了。下面是安装步骤。

（1）将开关插在合适的标准插座上。

（2）在你的 iOS 或 Android 智能手机和平板电脑上下载 WeMo 应用 App。

（3）你的开关会自动创建一个 WeMo 网络，然后该网络负责其中的设备与其他网络通信。

（4）打开 WeMo 应用 App 程序，然后把开关和家居 Wi-Fi 网络连接。

（5）给你的开关设备配置一个带描述性的名称，方便日后用户管理家居照明设备。

为开关选择若干图标，表明开关设备控制的电器种类（比如灯泡、电风扇等），然后就大功告成了。新配置的设备将会出现在设备管理列表中。

（6）单击设备旁边的电力开关按钮来控制设备的打开和关闭。

绿色代表设备启动，灰色代表设备关闭。

这也许是本章介绍的最简单的智能照明设备的安装步骤，不过麻雀虽小，五脏俱全。WeMo 开关非常实用，并且表现优异。

前往 WeMo 产品网站可以了解 WeMo 系列产品的更多信息。

# 第7章

# 家居安防

原 始人 Joe 的日常生活包含如下内容：

» 他的妻子 Jane。

» 3 个可爱的孩子。

» 一块圆形的大石头，没事的时候可以绕着它跑，强身健体（他想叫这块石头轮子或齿轮，不过这对他来说太伤脑筋了）。

» 每天陪他打猎的一群小伙伴。

» 一套老虎伍兹都会嫉妒的球杆（不过用途截然不同）。

» 一份很棒的采石场工作（向《摩登原始人》致敬）。

» 洞口背风朝南、包含 3 间卧房和两个浴室的山洞。

如果没有什么突发变故，Joe 会感觉生活得很幸福。这也是 Joe 迫切希望把自己的家庭和珍爱的东西添加必要的安全措施的原因：

» Brutus 是他训练的一只恐龙，可以为他看家护院，而且非常可爱。

» Joe 在他的山洞入口附近放置了一堆篝火，这样不仅可以为山洞保暖，而且可以让野生动物路过时绕开火堆，远离他的山洞。

>> 他的部落战略性地在每个山洞附近部署岗哨，这样在遇到紧急情况时，可以及时救援。

如你所见，Joe 一直在竭力守护自己的财产，确保它们的安全性。

大部分人也会像 Joe 那样守护自己关心的人和事，担心它们的安全。不过现在人们所做的事情稍有不同。

# 7.1  信息时代必须提高安全意识

密码的使用越来越普遍。如果密码是有形的东西，那么我们的世界将会乱成一锅粥，其中充斥着英文字母、数字以及其他符号，世界仿佛又回到了原始的混沌。密码的数量随着数字化时代发展而急速膨胀。你、我以及其他任何使用电子设备的人都离不开密码（当然，用户名也必须牢牢记住）：

>> 个人电脑。

>> 智能手机。

>> 平板电脑。

>> 电子邮件。

>> 银行账号。

>> 应用商店账户。

>> 社交媒体账号（Facebook、Twitter、Google 等）。

>> 流媒体订阅服务（比如 Netflix、Hulu 等）。

>> 电子商务网站（比如 Amazon）。

>> 在线查看你的孩子的学习成绩的网站账号。

>> 互联网服务提供商账户。

>> 有线电视服务账户。

>> 读完本书后，购置的智能家居设备相关的账户。

后来甚至出现了专门管理密码的软件，比如 Apple 在 OS X 操作系统下的 Keychain，它可以加密管理用户的所有账户和密码。当然，你必须记住登录 Keychain 的账户和密码，不过和记住 50 个账户和密码相比要轻松多了。

保证电子设备的安全性，已经成为了一种生活方式，因此从人类第一次搬进洞穴开始，保障家居安全就成了我们生活中非常重要的事情。

## 7.1.1　当心不速之客

当你不在家时，家里发生的种种意外可能是你做梦都想不到的。

» 如果你的孩子到家时被锁在门外了怎么办？他们可以给你打电话，然后你可以拿出 iPhone 手机，使用安全码解锁家里的门禁系统，或者让孩子们用自己的手机开门。

» 你正在外出度假，家里也没人，这时你的 Android 平板电脑收到家里运动传感器发来的警报，提示有不速之客潜入家中了，那么你可以马上报警，让警察去家里看看。

» 宝宝正在房间里睡觉，但此时你又必须去其他房间做家务，你希望宝宝醒了时能够及时获知。没问题，只需在宝宝房间里装一个 Wi-Fi 摄像头，然后使用智能设备上的应用 App 留意宝宝的动静即可。

上述安全隐患的发生几乎是悄无声息的，它们的发生让父母丝毫没有一点防备，由此可见家居安全的重要性了。

## 7.1.2　武装到牙齿

一般有 4 种方式可以提高你的家居安全性，接下来的章节会逐一对它们做简要介绍。

### 报警器
家用报警器问世已经有几十年的历史了，不过现在它们的作用不只是打扰邻居或者通知保安，流行的做法是将报警器和手机的应用 App 关联，这样就可以通过智能手机接收警示信息了。而且你还可以在外出度假时重置报警器的设置，这样可以避免受到不必要的打扰。

### 锁具
你可以在智能设备上通过应用 App 解锁或者锁定智能门锁。其中部分产品还可以通过个人电脑上的 Web 浏览器访问。当然，如果你打算去参观边远山区的一所老旧学校，一把钥匙还是必不可少的。

### 摄像头

互联网摄像头日渐流行，你甚至可以远程登录电脑使用浏览器查看摄像头的视频信息。现在有了智能手机和平板电脑，那么你只要能上网，就可以随时随地访问它们了。

### 运动传感器

运动传感器对很多人来说并不陌生，不过把它们和你的智能设备搭配使用，那么你会在家居安防方面大开眼界。

# 7.2 家居安防厂商简介

随着智能家居技术的兴起，家居安防产品也如雨后春笋，层出不穷。安全对于大部分人来说比真空吸尘和清理鱼缸都重要得多，因此家居安防产品与其他产品相比，发展势头也更迅猛。本节将会向大家介绍一些主流的智能家居安防厂商。

## 7.2.1 SmartThings

SmartThings 的智能家居系统中家居安防系列是最受欢迎的产品之一。正因为如此，该公司还特别为家居安防领域推出了独立的产品供用户选择。实际上它们又被细分为 3 个系列的产品：即家居智能安防初级套装、中级套装和高级套装（见图 7-1）。接下来看看它们的详细组成。

图7-1：
SmartThings
的智能家居安
防高级套装包
含很多非常实
用的安防设备

图片由SmartThings有限公司提供

家居智能安防初级套装包括如下。

» **一个 SmartThings 集线器**，这是 SmartThings 智能家居系统的管理中心。你需要使用该设备管理其他智能设备。

» **一个 SmartSense 运动传感器**，该设备用来监测房间内部人或者其他生物的运动状态。

» **一个 SmartSense 湿度传感器**：该设备可以帮你监测房间里是否发生了潜在的液体泄漏。

» **SmartPower 插座一台**：你可以将任意电器与之相连，然后方便地管理它们。

» **SmartSense 状态传感器一个**：它可以戴在某些人或者动物身上（见图 7-2）。当它们回家或者离开家的距离到达一定数值时，SmartThings 智能家居系统中的集线器和其他传感器会及时通知你并触发相应的任务。

» **SmartSense 开闭传感器一个**：该设备在打开和关闭门窗时会及时向你预警。你甚至可以设定一些条件，让它们和第 4 章介绍的智能恒温器一起协作。

图7-2：
SmartThings的
SmartSense状
态传感器可以
在携带它的人
或动物（车辆）
发生异常时及
时向你预警

图片由SmartThings有限公司提供

SmartThings 的智能家居安防中级套装包括初级套装的所有产品，此外还包括：

» **FortrezZ 警笛报警器一台**，目的是吓跑那些未经你的允许擅自潜入家中的不速之客。

» **附加 3 个 SmartSense 开 / 闭传感器**（合计 4 个）。

>> 附加一个 **SmartSense** 的运动传感器（合计两个）。

>> 附加一个 **SmartPower** 插座（合计两个）。

接下来要介绍的是 SmartThings 的智能家居安防高级套装，它包含初级和中级套装的所有产品，此外还包括：

>> **日本分光的可插拔灯光调节插座一台。**

>> **附加 SmartSense 运动传感器一个**（合计 3 个）。

>> **附加 SmartSense 湿度传感器一个**（合计两个）。

>> **附加 SmartSense 状态传感器一个**（合计两个）。

如你所见，SmartThings 足以满足用户的大部分安防需求。而且可以在你的 iOS 或 Android 智能设备上使用应用 App 方便地管理这些安防设备。前往 SmartThings 官网可以了解更多和智能家居安防相关的产品信息。

SmartThings 还为用户提供了不在上述套装中的安防产品，因此浏览该公司的官方网站可以找到更多能够满足用户需求的产品。

## 7.2.2　Belkin

Belkin 的 WeMo 智能家居系统的价格非常亲民。不过这并不代表便宜没好货，他们的产品可以说是物美价廉，而且部分产品可以说是物超所值。

在家居安防领域，Belkin 的产品可以满足用户最基本的家居安防需求：

>> 互联网摄像头可以让你通过互联网随时随地查看家里的情况。

>> 家中特定区域如果检测到有人活动，那么运动传感器会及时向你预警。

我会在第 15 章详细介绍 Belkin 的互联网摄像头 NetCam，如果希望深入地了解上述产品，那么可以直接跳到第 15 章深入学习。

WeMo 的运动传感器的确名不虚传，它就像广告里说的那样：没人在家时，一旦有什么风吹草动，你的 iOS 或 Android 智能设备就会收到预警信息。

不过不幸的是，用户不能单独购买它，必须和 WeMo 开关一起购买才行（见图 7-3）。

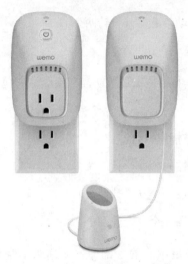

图7-3：
WeMo的开关
和传感器搭配
使用，当检测
到异动时，可
以将相关电子
设备打开或关
闭

图片由Belkin提供

这个传感器可以和开关一起协作，关闭灯泡、风扇以及其他传感器可以检测到的设备。这对于刚开始接触智能家居安防的人来说是不错的进阶产品，与此同时，你还可以让传感器在检测到异常情况时，给你手机发送预警短信。

希望了解上述开关和传感器的详细信息，可以前往贝尔金公司官网。

### 7.2.3　Alarm.com

如果你喜欢赶时髦，愿意让第三方安防公司全天候帮你管理家居安全事宜，并且能够负担得起这些费用，那么 Alarm.com 也许就是你想要的。

Alarm.com 为每个智能家居用户最大限度地提供了完善的家居安防服务。

» Alarm.com 使用无线蜂窝技术实现智能家居系统和第三方安全团队的通信。因此即使不速之客潜入你家，把通信线路切断了，上述系统仍然可以正常工作。这是 Alarm.com 独有的一大特色之一。

» 安防系统配备有一块备用电池，因此即使家里停电超过 24 小时，你家仍然是安全的。

» Alarm.com 的影像传感器不仅可以检测家里特定区域发生的异动，而且可以拍摄高质量的照片供用户使用手机应用 App 和 Web 浏览器查看它们。

>> 你可以把智能家居系统和上述家居安防系统绑定，而其他同类产品则不支持该功能。比如在 Alarm.com 网站上，你可以做如下配置，当烟雾探测器检测到一氧化碳气体时，可以自动关闭 HCAC 空调系统，从而减缓了一氧化碳在家里的传播速度。

>> 你可以通过互联网使用智能手机、平板电脑和个人电脑方便地管理 Alarm.com 安防系统，如图 7-4 所示。

图7-4：
用户可以通过应用App和个人电脑方便地管理Alarm.com安防系统

Alarm.com 相关的内容还有很多，限于篇幅，在此就不再赘述了。Alarm.com 是家居安全和智能家居服务提供商，用户只需掏钱即可，其他的事情他们都可以帮你搞定。你可以使用应用 App 和 Web 浏览器管理他们为你提供的解决方案。如果对他们的产品感兴趣，希望对该公司和它的产品做进一步的了解，可以前往 Alarm.com 公司官网。

Alarm.com 不只在家居安防方面表现出色，它在智能家居、能源管理、私人保健等领域也表现不俗。

## 7.2.4　ADT

ADT 从事安防业务已经长达一个世纪之久了。我们在选用该公司安防系统的客户家里还可以看到代表该公司的商标。如果你不是专业人士，那么就不必囿于成见，ADT 是最好的安防公司之一。作为一家有前瞻性的公司，ADT 早就已经开始涉足智能家居领域，结合领先的安防技术，提供优秀的智能家居解决方案。

ADT 的脉冲系列产品是集智能和安防为一体的完美典范。ADT 提供了如下特性：

» "脉搏"系统可以全天候运行。

» 可以给你的智能手机和平板电脑发送预警信息。

» 可以管理家居照明和恒温设备。

» 可以远程管理警报系统。

» 采用 Z-Wave 协议，因此可以和家里现有的智能家居设备兼容。

» 使用壁挂式的触摸屏，方便管理。

» "脉搏"系统还提供互联网接口，用户只要可以上网，就可以使用 Web 浏览器方便地管理相关设备。

» 支持语音识别的设备，可以让用户方便地通过语音管理安防设备，比如 "启动安防系统"或者"打开前门"等指令。

» 可以通过智能手机或者个人电脑浏览在线视频聚合资源（见图 7-5）。

» 通过"脉搏"产品相关的 iOS 或 Android 应用 App，可以方便地使用智能手机或平板电脑管理上述系统。

当然，ADT 管理你的家居安防系统是按月收费的，如果你能够负担得起上述费用，那么 ADT 的"脉冲"系统的确值得一试。希望了解与之相关的详细信息，可以前往 ADT 官网，该网站还提供了一些制作精美的入门视频。

图7-5：
用户可以在智能手机或平板电脑上使用"脉搏"的应用App，浏览在线视频聚合资源

图片由ADT安全系统有限公司提供

## 7.2.5 Vivint

Vivint 这家公司以前叫 APX Alarm, 2010 年更名为 Vivint, 它把"vive (万岁)"和"intelligent (智能)"这两个单词组合起来, 代表"智能生活万岁"的意思。这是一个恰当的名称变更, 可以告诉用户他们在智能家居市场上的主要目标是什么。

Vivint 目前已经发展为当前智能家居市场最大的整体解决方案提供商之一。Vivint 负责为用户安装设备, 并且是按月收取服务费。虽然这没什么不妥之处, 不过这也是本书其他章节未曾提及它的原因: 本书主要内容是介绍自助式的智能家居应用。但是当我们介绍家庭安防时, 已经讨论过全天候提供安防收费服务的公司 ADT 和 Alarm.com, 因此在这里为了公平起见, 也不得不说一下 Vivint。

下面是 Vivint 的智能家居安全套装的特点。

» Vivint 的安全团队可以全年无休地为你提供安全服务, 即一天 24 小时, 一周 7 天, 一年 365 天 (闰年 366 天) 为你提供安防服务。

» 整个系统是无线蜂窝通信的, 所以不需要担心通信线路被切断以及其他类似的情况。

» 壁挂式的触摸屏操控面板, 操作方便。

» 可以根据场景定制非紧急的预警信息, 比如婴儿房的门被打开和关闭时, 你可以及时收到通知。

» 运动传感器可以让用户留意家里每个房间的状态。

» 当发生潜在的危险时, 可以收到文字信息提示, 比如烟雾探测器检测到有异常时或者系统的报警器响了等。

» Vivint 的 Sky 技术是其独有的智能家居技术, 它可以让用户通过触摸屏、智能手机和个人电脑轻松地管理系统设备 (见图 7-6)。

Vivint 的智能安防套装包含如下设备:

» **触摸屏一块**, 它使用 Vivint 的 Sky 技术来达到系统管理的目的。

» **运动传感器一个**。

» **Vivint 的庭院标记一个** (当然也是非常有科技含量的设备)。

» **电子钥匙一把**，它可以启动或关闭安防系统，甚至可以在不使用智能设备或者触摸屏的情况下呼叫 Vivint 安全团队寻求帮助。如果你忘带智能手机了，那么这把钥匙最好随身携带。

» **门/窗传感器 3 个**，当门窗被打开或者关闭时，系统会向你及时预警。

图7-6：
Vivint的Sky技术可以让用户随时随地访问家居安防系统

图片由Vivint有限公司提供

不知道读者的实际情况如何，但是如果上述产品没有庭院标记设备，对于我来说就是非常不划算的。上述列表看上去似乎没多少东西，不过你可以根据需要购置更多设备。一些可选的设备包括如下。

» 烟雾探测器。

» 一氧化碳探测器。

» 应急吊坠，你可以把它佩戴在胸前，也可以装在口袋里。一旦遇到危险，只要你在安防系统覆盖的范围之内，你可以用它呼叫 Vivint 安全团队寻求帮助。

» 玻璃碎裂探测器，家里的玻璃打碎时，它会向你预警。不过它不会理会你在厨房里不小心打碎了一只玻璃杯，它只有在门窗的玻璃被打碎时，才会报警。这个设备非常灵巧：只有两个大拇指宽。

如果全天候的安防服务符合你对家居安防的预期（谁会不这么想呢？），那么可以前往 Vivint 官网了解更多信息。

**WARNING**

行文至此，我想善意地提醒读者一句，当你在 Vivint 的官方网站上看到它提供的与其他智能家居厂商的产品对比图时，无须介意。它们要么是已经过时需要修订，要么就是顾此失彼，没有切中要害。比如，图表上说 Vivint 的产品提供触摸屏，而 ADT 则没有提供，但是实际情况并非如此。图表上还有不少其他错误信息，因此在选择智能家居安防服务时，大可不必考虑上述图表给出的信息。

## 7.2.6　Schlage

Walter Schlage 制造门锁的历史可以追溯到 1909 年，以他的名字命名的公司一直以制造门锁闻名于世。1909 年，他申请的第一项专利就是和门锁有关的，这把锁不仅可以锁门，而且可以控制灯泡的开闭。这种创新精神使得该公司一直处于行业的领先地位，并将这种优势也延续到了智能家居时代。

Schlage 公司推出了一系列无须钥匙的智能门锁，它们还可以和大部分智能家居设备兼容，因此你可以远程锁定这些智能家居设备。

Connect 系列智能门锁产品，可以参见图 7-7，价格都比较高，但是作为最好的智能门锁产品之一，它们包含如下特性。

图7-7：
Schlage的
Connect系列
锁具可以使用
安全码或者第
三方智能家居
系统打开或锁
定

图片由Allegion有限公司提供

» 它已获得了业界最高的安全等级，一级评级。

» 它有一个电动插销。

» 你一次可以创建或者删除多达 30 个安全码。

» 它使用 Z-Wave 协议和第三方的智能家居系统通信。

» 你可以使用应用 App 远程管理锁具。

» 当锁具受到蓄意破坏时，其内置的警报系统会发出警报声。

» 有人出入时，门禁系统会自动通知你。

» 当有人暴力破门时，系统能够检测到，并向你不断发出预警信息。

» 该设备既支持无钥匙模式，也支持使用钥匙开锁。

Touch 系列智能门锁产品，可以参见图 7-8，不过它有一些独具特色的功能。

» 它获得了安全评级为 2 级，这虽然很高了，不过比一级还是差一点。

» 当 Schlage 宣称它的门锁是不需要钥匙的，这意味着 Touch 系列的门锁是不支持钥匙开锁的，你可以使用键盘、应用 App 开锁或者被锁在门外。

» Schlage 宣称，这一系列的锁具是 100% 防撬的。

» 它一次可以记住 19 个安全码。

» 内置的键盘灯可以帮助用户看清数字键盘上的数字。

图7-8：
Touch系列的
电子锁都是没
有钥匙的

图片由Allegion有限公司提供

Schlage 的电子锁可以和不少智能家居系统的应用 App 搭配使用。下面是部分可以兼容 Schlage 电子锁的智能家居厂商：

- » Alarm.com；
- » Elan；
- » Honeywell；
- » Iris（洛氏）；
- » Leviton；
- » Nexia；
- » Revolv；
- » SmartThings；
- » Staples Connect；
- » Vera；
- » Wink（家得宝）。

如果你的智能家居产品厂商不在上述列表中，那么可以前往 Schlage 的官方网站确认家里的设备是否能够和它的电子锁兼容，然后再考虑是否购买它的产品。

可以前往 Schlage 官网进一步了解详情。不过需要注意的是：该网站结构不太合理，导航麻烦，页面滚动不顺畅，某些链接甚至挤在了一块儿。虽然这让我有点吃惊，但不要被它的网站所蒙蔽，Schlage 的产品都是非常优秀的。

## 7.2.7  August

August 成立的时间很短（撰写本书的几个月前才成立），不能不承认，该公司的智能门锁着实让人惊艳。这款产品（见图 7-9）设计精巧，并且可以兼容大部分智能家居系统。

用户可以使用 iOS 或者 Android 智能手机解锁和锁定 August 的智能门锁。你不仅可以在智能手机上使用 August 的应用 App 管理智能门锁，还可以预设程序，当你（和手机）在家的特定时段，自动解锁门禁系统。

August 的应用 App 和 August 的官方网站可以方便地让用户修改智能门锁的安全码，并且可以为特定用户生成临时的安全码，方便客人进出。该智能门锁还包括如下特性：

>> 可以根据需要，给你的管家一把特定时段才有效的钥匙。

>> 为每个家庭成员生成独立的钥匙，这样你就可以清楚地知道家里人员进出的情况

>> 在你外出时，可以给邻居分配一把临时的钥匙，比如度假或者商务旅行，不过不必担心，当有人使用这把钥匙进入你家时，你都会收到提醒，所以你可以密切注意到何时、何人进入你家。

上述例子还有很多，就不一一列举了。

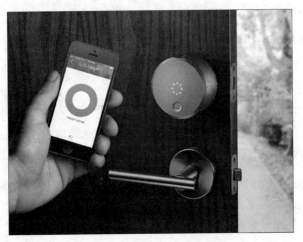

图片由August提供

August 的智能门锁还支持蓝牙，这样你就不必担心重新布线和停电的问题了。唯一的缺点是你必须在智能手机上把蓝牙功能一直开着，这也许会大大减少手机电池的续航时间。不过在智能手机上打开和关闭蓝牙功能都很方便，但是我想没人会不厌其烦地做这些，只需要一直开着蓝牙，然后多给手机充几次电就可以了。

August 的智能锁使用的解锁码的加密算法和网上银行采用的算法是一致的。我敢说，它相当安全，不是吗？不过没什么事情是万无一失的，当然，你当前使用的需要钥匙开关的门锁不在此列。

下面是 August 智能锁设计独到的地方：它可以替代你当前安装的门锁中内部插销，如图 7-10 所示，而你的门从外观上看没什么大的变化，你仍然可以简单地转动智能锁的外部把手在家里把门打开。

智能锁的安装非常简单，15 分钟就可以安装好一把智能锁。智能锁甚至还配备了 3 个不同的适配器和安装板，以确保能够兼容用户目前正在使用的门锁。August 在这方面的确考虑得非常周到。

建立和智能锁有关的账户需要几个步骤，其中包括使用短信和电子邮件进行身份验证，不过就像 August 在其官方网站上说的那样，这样做的目的是确保客户的人身和财产安全。额外多几个步骤就可以保护我的家庭？听上去似乎不错啊！

如果你希望入手一把 August 智能锁，那么可以前往本地的 Apple 零售实体店看看，在那你应该可以在货架上看到 August 智能锁的踪影。

图7-10：
August智能锁
可以替换用户
当前使用的门
锁内部插销

图片由August提供

与此同时，August 的智能锁并不支持第三方智能家居系统的远程管理，不过该公司计划在未来提供此功能。现在，管理智能锁的应用 App 相关的软件更新都必须通过其应用 App 才能下载。这是唯一让我对 August 智能锁感觉不好的地方，不过似乎这也无伤大雅。

希望知道你的 iOS 或者 Android（当然支持 iPad 设备，不过 Android 平板电脑似乎还不支持）设备是否能够兼容 August 智能锁？那么可以前往 August 官网查看相关信息。

我建议你去该网站了解和 August 有关的详细信息，同时可以了解它提供的能够适应任何装饰的 4 种设计风格。

使用你手机的安全设置，比如安全码和指纹识别，用来保护你的手机和家庭以防智能手机丢失或被盗。一旦不幸发生了上述情况，你还可以登录 August 官网，修改智能锁的安全码。

## 7.2.8 Yale

Yale 公司声称要做"全球最好的锁",不过该公司的产品覆盖范围超过 125 个国家,因此也不能说它大放厥词。作为历史最悠久和全球最值得信赖的锁具品牌之一,Yale 推出自己的智能锁产品进入安防市场是理所当然的。

Yale 公司的 Real Living 系列产品是专门为你的智能家居系统而设计的。Yale 公司提供了触摸屏和按钮插销式两种锁,还包括钥匙和不带钥匙两种类型,它们可以兼容现有的(或者将来要购置的)采用 Z-Wave 或者 ZigBee 协议的智能家居系统。同时提供 Z-Wave 和 ZigBee 的选项是 Yale 的一个很好的举措。

触摸屏手动锁,如图 7-11 所示,用户不需要使用钥匙就能方便地进出家居,而且可以使用智能家居系统管理这些智能锁。

Yale 的合作伙伴有很多都是非常流行的智能家居厂商,如果你已经安装了下列公司的智能家居设备,那么 Yale 的智能锁可以完美地兼容它们:

- » Alarm.com;
- » Control4;
- » ELK Products;
- » HomeSeer;
- » Honeywell;
- » Vera。

图7-11:
Yale的Real Living系列智能锁,比如图片中的这款触摸屏式智能锁,它还支持远程控制

图片由Yale安全有限公司提供

即使在 Yale 的官方网站上没有被列出,我也可以很自信地说,其他采用

Z-Wave 和 ZigBee 协议的智能家居系统也可以和 Yale 的 Real Living 智能锁一起协作。当然，我还是建议你在购买 Yale 产品之前，最好先咨询一下你现在使用的智能家居设备的厂商和 Yale 的客服人员。

你可以前往 Yale 官网了解 Yale 公司 Real Living 系列产品的庞大阵容（种类繁多，每种几乎都可以满足你对家居安防的要求），你可以点击该页面右边的 Yale Real Living 链接了解该产品。虽然 Yale 官方网站没有像本章介绍的其他公司那样制作华丽。不过它已经尽力做到最好了，它会向你展示 Yale Real Living 系列产品最真实的一面。

## 7.2.9　Lockitron

Lockitron 这家公司正在做一些很有趣的事情。虽然他们已经进入智能锁具行业有一段时间了，不过让其引人瞩目的是它推出的支持远程管理的智能锁。

和我之前提到的 August 智能锁类似，Lockitron 可以集成到用户现有的门锁内部。不过和 August 智能锁不同的是，Lockitron 不需要替换用户当前门锁的内部硬件，它是直接安装到现有门锁之上的。没错，我说的是"安装在门锁上"。Lockitron 经过艰苦卓绝的努力，才有了今天令人瞩目的成就。

Lockitron 智能锁，如图 7-12 所示，可以完美地适配大部分门锁。但是和 August 不同，Lockitron 智能锁可以使用 Wi-Fi 进行通信（目前 August 承诺会在将来提供支持）。这意味看你可以随时随地通过智能手机或者个人电脑远程管理智能锁，这无疑是非常棒的特性。

图7-12:
Lockitron智能锁可以直接安装在现有门锁之上，而且安装和拆卸都非常方便

图片由Lockitron.com提供

Lockitron 智能锁的安装非常简单。

（1）为你的 iOS 或者 Android 智能设备下载对应的 Lockitron 应用 App，然后注册一个账号，把该账号和 Lockitron 智能锁绑定。

（2）给 Lockitron 智能锁安装电池。

接通电源之后，它会自动启动

（3）根据 Lockitron 应用 App 的操作指南，将 Lockitron 智能锁和家里的 Wi-Fi 相连。

（4）松开但不要卸下插销内板上的两个螺丝钉。

（5）将 Lockitron 的 C 形板插入插销底座。

（6）在固定好插销底座和 C 形板之后，拧紧上面的两个螺丝钉。

（7）将 Lockitron 智能锁沿着 C 形板的上行线路凹槽进行装配，然后将锁具主体沿着顺时针方向转动，直到锁具和 C 形板结成一体，不过切记不要使用蛮力。

（8）锁定插销，然后在智能设备上使用 Lockitron 的应用 App 告诉它，门被锁住了。

（9）转动 Lockitron 的橡胶旋钮，使之与水平方向保持垂直，然后滑动智能锁主体到插销把手的位置。

（10）用智能锁的橡胶旋钮把插销把手固定住。

一切就大功告成了。接下来的事情就交给 Lockitron 的应用 App 处理吧，如图 7-13 所示。

图7-13：
一旦你在门锁上安装好Lockitron智能锁之后，就可以使用Lockitron的应用App管理该智能锁了

图片由Lockitron.com提供

现在 Lockitron 智能锁已经安装就绪，下面是一些它的功能特性。

> 其他下载安装了 Lockitron 智能锁应用 App 的人，经过你的授权之后，可以和你一起共同管理该智能设备。

> 根据你的智能手机距离 Lockitron 智能锁的远近，它会自动解锁和锁定大门。

> 有人敲门时，Lockitron 智能锁会及时通知你。

> 当有人进出大门时，你可以及时获得通知。

> 每月交 5 美元，你可以使用短信解锁和锁定 Lockitron 智能锁。这主要是为了方便你的熟人圈子中，那些没有智能设备无法下载 Lockitron 应用 App 的人。

> Lockitron 智能锁的电池可以续航 6 个月左右。如果它的电池没电了，也不需要担心，房内只需要使用门把手，门外使用钥匙即可（不用担心，这只是权宜之计）。

## August 和 Lockitron 智能锁的优劣对比

首先，请相信，我会客观地评价这两款产品，这两款产品都是非常出色的。它们的功能类似，都是可以和用户当前使用的门锁插销一起使用的。August 的优点是，其智能锁外观简洁大方。August 的缺点是，其市面上的产品目前还不支持 Wi-Fi。Lockitron 的优点是支持 Wi-Fi，开箱即用，安装简单。这种解决方案适合四处旅行的用户随身携带或者短期租用（Lockitron 不会破坏用户当前使用的门锁插销）。Lockitron 的不足之处是它的外观，虽然不能说它难看，不过似乎和标准的门锁设备不是那么协调。上述因素都是你打算购买这些设备之前需要考虑的。

Lockitron 智能锁是非常有用的智能家居配件，强烈建议你到它们的官方网站去看一看。

# 7.2.10  Kwikset

如果你有去五金店购置锁具的经历，那么对 Kwikset 这个牌子的锁具一定不会陌生。Kwikset 也是一家历史悠久的锁具制造企业，它新近推出的智能锁是 Kevo。

Kevo 是一款智能插销产品，可以和用户家里的智能产品搭配使用，共同守护家居安全。它和本章讨论过的产品有很多不同之处，其中包括：

» 可以和其他人共享电子锁，方便熟人和朋友进出；

» 使用智能手机或平板电脑管理智能锁，不需要钥匙；

» 可以给那些智能设备不兼容你的智能锁应用 App 的熟人或朋友临时分配一把电子钥匙，方便进出你家；

» 你可以根据喜好，使用一把实体钥匙开门；

» Kevo 应用 App 程序，如图 7-14 所示，用户可以使用它进行访客管理，比如人员进出、电子锁变更、电子钥匙分配等。

图7-14：
Kevo应用App
是用户在手机
上管理Kevo智
能锁的入口

图片由品谱有限公司提供

Kevo 智能锁包含一些有别于本章介绍的其他产品的功能特性，其中包括以下几项。

» Kevo 智能锁的锁眼周围有一个环形的彩色指示灯，它通过不同颜色向用户发出预警，比如设备启动、电力不足等。Kevo 的官方网站上为用户提供了视频，专门讲解上述指示灯中不同颜色代表的具体含义。你可以访问官方网站了解详情。

» Kevo 智能锁是抗砸防撬的。

» Kwikset 的智能锁技术可以方便地让用户重新配置电子锁。

» 可以为多个访客授予访问权限，不过最好分级授权，防止不怀好意的人搞破坏。

» Kevo 的屋内屋外识别技术非常过硬，它可以阻止未经授权的普通用户使用智能手机或者电子钥匙解锁，即使该用户在屋内也不行。

换句话说，如果有人在屋外敲门，你打算去开门时，Kevo 智能锁不会自动为访客开门。你必须在智能手机和电子钥匙上启用该功能才行，不过额外花些时间在安装 Kevo 智能锁的配置上是非常值得的。

另外我还没有说 Kevo 智能锁如何解锁。用户可以方便地使用一把钥匙开门，不过要是只有电子钥匙，但是智能手机却没有获得授权呢？很简单，你只需要走近 Kevo 电子锁，方便它识别设备，拿出电子钥匙，如图 7-15 所示，就可以把智能锁打开或者锁定，而无须去管插销。用户必须使用手指触摸智能锁，让 Kevo 识别一下用户的身份。一旦 Kevo 确认用户身份合法之后，用户就可以方便地解锁或者锁定智能锁了。

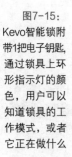

图7-15：
Kevo智能锁附带1把电子钥匙，通过锁具上环形指示灯的颜色，用户可以知道锁具的工作模式，或者它正在做什么

图片由品谱有限公司提供

Kevo 智能锁是一款非常棒的产品，Kwikset 对细节和功能的不懈追求，使得它屡获殊荣。它有 3 种型号可供用户选择，所以不必担心它和你的家居装饰风格不协调。你可以通过主流的网上商城（或者去五金店）订购一款 Kevo 智能锁：

>> Amazon；

>> Apple；

>> Best Buy；

>> Build.com；

>> GoKeyless；

>> Home Depot；

>> Lowes；

>> Menards；

>> New Egg；

>> Verizon。

在网上商城只需输入"Kevo"关键字即可，或者前往 Kwikset 官网选择你喜欢的商品。

希望了解 Kevo 智能锁相关的精彩入门视频可以前往 Kwikset。

Kevo 智能锁当前只支持 iOS 设备，因此如果你只有 Android 设备，那么也许要等 Kwikset 推出支持 Android 设备的应用 App 才能使用它了。现在有一款测试版的 Android 应用 App 正在研发过程中，希望了解该程序的详细信息，可以上网查询。

## 7.2.11　Piper

Piper 是本章介绍的最后一款产品，但是我敢说它并不是最差的。Piper 是当前智能家居中最优雅的安防解决方案。你一定会惊奇它竟然能够将家居安防特性集成到如此小巧的设备中，用户可以像摆放艺术品一样把它挂在书架上，如图 7-16 所示。

Piper 可以作为独立设备连接到家里的 Wi-Fi 网络中，然后和智能手机或平板电脑一起管理家居环境。它包含如下特性。

>> 能够以如下方式接收通知信息（也可以下列几种方式的任意组合）：

 ● 电子邮件；

 ● 智能手机或平板电脑上的消息推送；

 ● 电话呼叫；

 ● 文本短信。

>> 使用内置的摄像头监控整个房间（安装在特定位置），并可以提供 180 度视角范围。

>> 监控录像提供高清画质，在线录制等功能。

>> 使用内置的麦克风和扬声器实现双工通信。

>> 运动传感器检测到不怀好意的人潜入家中后（或你的孩子宵禁后，偷偷溜进家中），自动启动刺耳的警报声，吓退不速之客。

>> 彩色的 LED 指示灯可以让你方便地获知 Piper 的工作状态。

图7-16：
Piper是你的家
居安防卫士

图片由Icontrol Networks提供

» Piper 可方便地添加其他支持 Z-Wave 协议的新设备进行升级改造。Piper 支持的设备类型包括：

- 智能开关；

- 门窗传感器；

- 智能调光器。

» 可以使用 Piper 的应用 App 回放家里的历史动态，如图 7-17 所示。Piper 可以兼容 iOS 和 Android 智能设备，所以你不必担心兼容性问题。

图7-17：
Piper的应用
App可以监控
家里的动静，
只要你可以上
网，就能随时
随地查看家里
的情况

Piper 对于我最有吸引力的一点就是，它没有月租。

Piper 的价格也很亲民（至少比本章介绍过的其他产品要便宜许多），因此你可以购置多台 Piper 设备安放在家中的不同位置。强烈建议你将 Piper 产品网站添加到自己的家居安防网站收藏夹里，因为它的确可以提供很多有价值的产品。

第8章

# 智能厨房

大部分可能看过某个叫 rekkie（还是叫 Trekker？）的伙计在星际联邦航空母舰上是如何做玉米片和奶酪的：他只需按一个按钮，顷刻之间，一杯热气腾腾、混合了奶酪的玉米片就到手了。

好吧，老实说，我无法记得曾经在任何《星际迷航》剧集或电影里看到过吃玉米片的人物，因此我也不能确定是否看过他们。另外，据我所知，玉米片和奶酪在瓦肯星被认为是上不得台面的美食，但是那些沉迷于食物香脆口感的人们是不会承认这一点的。

食品复制的想法对于老一辈的美食爱好者来说，好奇和害怕的感觉兼而有之。《星际迷航》和《杰森一家》等热播剧集使得这一想法看起来轻而易举就能实现，剧中人物至少表现得好像他们很享受为他们制造的"食品"，所以为什么不呢？烹饪也成了人们不再去烦心的一件事了，对不对？不过实际上，有些人对这项技术是很排斥的，因为烹饪是一种纯粹的乐趣，甚至在某些情况下对许多人来说有放松减压的功效。

不过说实话，大部分人们可能并没有复制食物的想法，只是希望这个小巧的装置可以让我们的烹饪过程更简单、快捷一些。这一点对于那些工作繁忙或者需要为全家人准备餐食的人来说尤为重要。

部分烹饪工作的智能化，由机器代劳的想法如何呢？这也是本章的主题，不过不需要担心，亲爱的读者，我将要讨论的所有设备都不会复制食物，当然，你想吃什么，就可以去做什么。

# 8.1 智能化烹饪的妙处

在本章开始之初，我要给那些科幻迷浇一盆冷水了，远程和智能化执行某些厨房里的烹饪工作并不是在厨房里安装机器人手臂，然后你通过机器人手臂在厨房里准备食材，或者将烤肉放进烤箱等。我不知道你想象中的那种设备究竟是怎样的，不过如果你家里有宠物或者小孩的话，那么这样做就会有点冒险了。

不过，随着智能家居系统、智能手机和平板电脑的普及，这让我们的烹饪工作比以往更简单快捷了。

你曾经幻想着"要是有一种可以让我不费吹灰之力就能做好厨房里的所有工作的办法，那就太好了！"，你要是有这种不劳而获的想法，那么本章也许并不适合你。如果你对当前的智能厨房技术可以提高用户的生活质量感兴趣的话，那么下面是一些很好的参考建议。

>> 下班路上，你因为堵车只能晚点回家，这时候你的孩子因为没有吃饭（虽然他们两小时前刚吃过点心），饿得连说话都很费劲，只能给你发短信催你回家做饭了。当你到家时，你只能把一块披萨放到烤箱里应急了，但是预热烤箱的时间比做披萨的时间还长。安抚好孩子们之后，你只需在川流不息的车河中，拿出烤箱的应用 App，给烤箱下达预热的指令即可。但愿孩子们在披萨做好之前没有饿晕过去，不过使用这个办法至少能够降低上述不幸发生的几率。

>> 你给烤箱在将来某个时间预设了烘培程序，但是你的航班又晚点了。解决这个棘手问题的办法是在你的 iOS 或 Android 平板电脑上打开相应的应用 App，修改预设程序即可。

>> 你希望远程预热烤箱，但是记不清合适的温度了，这样也不必担心，烤箱会自动记录你上传的菜谱，并设置合适的温度。

>> 当食物达到预定温度时，用户会收到智能设备发送的通知短信。

>> 孩子们发现牛奶里面有碎冰并告知你，你甚至都不需要起床就可以调整冰箱相关区域的温度。

>> 希望冰箱里面的物品井然有序？如果冰箱里黄油不足了，那么也可以及时地在智能手机或平板电脑上收到提示信息。

在你家居中占有重要地位的厨房，应用智能化技术的好处还有很多。智能厨房的另外一个好处也验证了那句金玉良言："妈妈的快乐是幸福的源泉。"如果妈妈知道如何使用一台智能设备，那么她在厨房忙碌时也会省心不少。

# 8.2　智能厨房产品简介

随着智能家居技术的蓬勃发展，各大知名厂商不仅推出了不少专门服务于厨房的特色产品，而且还给它们添加了 Wi-Fi 和互联网元素。智能设备的浪潮也孕育了很多能够把技术"旧瓶装新酒"的新公司，以前移动智能设备的那套方式得以焕发新的光彩。接下来会介绍一些智能厨房的厂家和产品，其中有老朋友，也有新面孔。总而言之，它们都可以大大增加你在厨房中的烹饪乐趣。

## 8.2.1　WeMo的克罗克电炖锅

如前所述，Belkin 的 WeMo 产品可以控制你能想到的所有家用电器。它还可以管理灯泡和加湿器。现在对于厨房来说，它专门推出了一款你的妈妈的妈妈都会爱上的产品：克罗克电锅。内置 WeMo 产品的克罗克慢炖锅历史悠久，此外，它在世界厨具行业保持领先地位也超过 40 年之久了。

克罗克智能慢炖锅，如图 8-1 所示，它兼容 WeMo 产品，因此你可以使用WeMo 的应用 App 在智能手机或平板电脑上方便地管理它。

图8-1：
兼容WeMo系统的克罗克电炖锅支持用户远程煮饭

图片由Belkin提供

如你所知，便捷性是优秀的智能家居产品的关键，正所谓物有所值。当然，你必须事先把食材放在锅里，这是比较麻烦的地方，也许将来发明了厨房机器人，能为你代劳这部分工作。

支持 WeMo 系统的克罗克慢炖锅包含如下特性：

» 最大容量 6 升左右，看起来还是不错的。

» 用户可以自定义烹饪时间和温度，或者给食物保温，以及停止加热等选项。还可以通过慢炖锅的操作面板和 WeMo 的应用 App 实现上述操作。

» 克罗克慢炖锅还包括如下特性：

  ● 隔热式的手柄；

  ● 慢炖锅旁边有电线收纳盒；

  ● 锅和锅盖可以方便地使用洗碗机清洗。

如果你曾经用过慢炖锅，那么你不需要从我这里获知上述内容。要是你从没有尝过使用慢炖锅做的烤饼、鸡肉以及其他食物，那么拜托你一定要亲自尝一尝这些。如果不品尝一下这些美味，那么就是蹉跎岁月，无法体会现代厨房的真正乐趣了。

如果你正在为自己选购一口慢炖锅，那么可以前往克罗克产品网站。克罗克慢炖锅是一个不错的选择。

我想我知道那些商家们的晚餐是什么了，用户的"血泪"是他们的饕餮盛宴。

## 8.2.2 LG

第 5 章已经介绍过 LG 的 ThinQ 智能洗衣机和烘干机在智能家居中的应用，不过，LG 的野心很大，还希望在用户的厨房里大显身手。该公司的 ThinQ 智能技术涵盖范围很广，从冰箱到烤箱，种类繁多，而且这些产品和我们的日常生活密不可分。

ThinQ 智能技术可以让用户通过家里的 Wi-Fi 网络和互联网管理家用电器。不管用户在哪里，只要能够上网，用户就可以使用智能手机或平板电脑管理家里的家用电器，甚至可以及时收到家用电器的预警信息。

### ThinQ智能冰箱
ThinQ 智能冰箱可以和家里的 Wi-Fi 网络相连，因此用户可以随时随地管理它。下面是该冰箱被称为"智能"的几个原因。

» 可以记录冰箱里存放食品的信息，用户可以通过冰箱内置的触摸屏（见图 8-2）或者智能设备上的应用 App 进行查看。

» 可以在智能设备或者冰箱触摸屏上看到食物过期的预警信息。

» 在冰箱的触摸屏上创建一个购物单，然后可以方便地把购物单同步到智能手机或平板电脑上。

» 基于用户冰箱现有的食材和美食频道介绍的菜谱，向用户推荐新的菜式。

» 将菜谱发给智能 ThinQ 系列相关的产品，为用户下厨做好相应的准备工作。

» 用户可以上传自己喜欢的图片作为触摸屏的桌面壁纸。

» 可以使用触摸屏上的天气应用 App 查看天气预报信息，或者使用日历功能查看工作计划。不过不得不说，这两个功能都不是该智能冰箱的卖点。因为你的智能手机和电脑已经有这些功能了。不知道会有多少人使用冰箱查看天气预报，我肯定不会这么做的。不过请相信我，如果 Smart ThinQ 的这两个功能是吸引你使用它们的原因，那么你对智能冰箱的看法就太偏颇了。

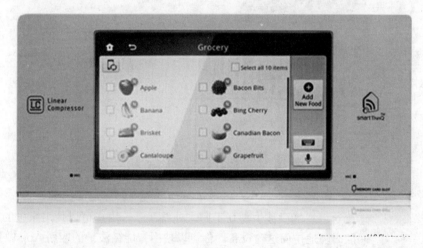

图8-2：
内置的触摸屏可以帮助用户了解冰箱里的食物构成和工作状态

建议读者先去 LG 官网了解该智能冰箱的详细情况，或者到本地的专卖店亲自体验一下该产品的实际功能。

当然，它还可以低温存放食物。

## ThinQ智能微波炉

刚才介绍了大名鼎鼎的 ThinQ 智能冰箱，它在保存食物方面的表现的确很有特色，那么接下来介绍烹煮这些食物的设备就顺理成章了，不是吗？

LG 的 ThinQ 智能微波炉，如图 8-3 所示，可以完美的和上述智能冰箱协同工作。不过我的意思不是它们都是同一公司的产品，并且都有不锈钢的外壳。ThinQ 智能设备之间的确可以完美协作，为用户提供生活便利。

LG 在这款高端微波炉产品中集成了大量方便用户烹饪的技术，其中包括：

» 更短的烹饪时间；

» 容量可达 178 升；

» 对流加热；

» 红外线烧烤；

» 提供快速煮饭模式。

图8-3：智能微波炉支持用户使用iOS或Android智能设备访问，冰箱集成了当前最先进的烹饪技术

图片由LG电子提供

造就这台智能微波炉与众不同之处就在于，用户可以使用家里的 Wi-Fi 和互联网随时随地访问这台设备。你可以使用智能微波炉的应用 App 做到如下几点：

» 设定烹饪时间和温度；

» 随时查看食物烹饪状态；

» 检查微波炉是否在工作；

» 确保所有设备都关闭了；

» 从 ThinQ 智能冰箱或者 iOS 和 Android 智能设备上的应用 App 接收菜谱，
然后就可以自动加热烤箱和设定烹饪时间。

希望了解该产品详情，可以前往 LG 官网。

# 8.2.3  Whirlpool

Whirlpool 是家喻户晓的家电品牌之一。它历史悠久，并且也是家电领域表现
最好的厂家之一，可以说是名不虚传。Whirlpool 这家公司目光长远，目前已
经推出了支持 Wi-Fi 和智能设备管理的家用电器产品。

Whirlpool 进军智能家电领域是从冰箱和洗碗机开始的。上述每种设备都采用了
Whirlpool 的第六代 Sense Live 技术和用户家里的 Wi-Fi 通信。你可以通过 iOS
或 Android 智能设备管理这些家电设备，还可以通过个人电脑上的 Web 浏览器
访问它们。

### 采用第六代Sense Live技术的Whirlpool智能双开门冰箱

这款 Whirlpool 智能冰箱采用了第六代 Sense Live 技术（见图 8-4），因此用户
可以通过电器的智能设备应用 App，随时随地管理这些电器。

第六代 Sense Live 技术通知用户的方式是使用 Whirlpool 的智能震动蜂鸣器和
智能报警器一起实现的。智能蜂鸣器可以体贴地提醒用户留意某些异常现象，
比如冰箱门没关好等。智能警报器则会警告用户，冰箱出了严重的问题，比如
电力不足时。

此外，智能冰箱可以帮助你监控能源使用，让事情变得更简单。甚至可以为你
提供家用电器能源使用的预估数据。这一特性能够为你提供更实用的"实时信
息"，至少比你在商场里面看到冰箱上的标签有意义得多。

### 采用第六代Sense Live技术的Whirlpool智能洗碗机

希望洗碗机在洗完碗碟或者在你打开它准备取出碗碟时通知你吗？通过
Whirlpool 的智能电器应用 App，用户可以在接近或者离开洗碗机时收到通知，
如图 8-5 所示。

图片由Whirlpool提供

图片由Whirlpool提供

它不仅仅是一台内置了 Wi-Fi 功能的普通洗碗机。这款洗碗机还采用了大量先进洗涤技术，能够经济、环保地为用户清洗碗碟。

可以前往 Whirlpool（惠而浦）官网了解 Whirlpool 的一系列智能家电家电产品，或者去本地的 Whirlpool 专卖店实地考察一番。

## 8.2.4　GE

通用电气（以下简称 GE）涉足家电行业已经有相当长的一段时间了，我认为上述说法可能有些轻描淡写。GE 的商标家喻户晓，并且成为了一种文化标签，享誉全球。

GE 的产品因品质过硬而闻名，它在智能家居领域以自主研发的 Brillion 技术蜚声业界。不过 GE 只有 3 种家电产品采用了 Brillion 技术：单壁式烤箱（比如 GE 的 Profile 系列，如图 8-6 所示，它包含一个 30 英寸（约 76 厘米）的单壁式对流烤箱、双壁式烤箱和开放式电磁炉。该公司声称将来会推出更多采用 Brillion 技术的产品，所以敬请期待吧。

图8-6：
当前GE的产品
中只有烤箱和
电磁炉采用了
Brillion技术

图片由通用电气有限公司提供

Brillion 的应用 App 支持 iOS 和 Android 设备。因为将来 GE 会推出更多采用 Brillion 技术的智能家电产品，有理由相信这款应用 App 也会随之更新换代。不过现在这款 Brillion 应用 App（见图 8-7）还是非常有诚意的，用户可以使用它方便地管理你的烤箱，它包括如下特性：

>> 当饭菜煮好时，用户可以及时收到通知。

>> 支持远程烹饪。

>> 可以远程设定烹饪的温度和时间。

>> 可以对双壁式烤箱的顶部和底部进行更精确的温度控制。

GE 对智能家电网络通信安全也非常重视。采用 Brillion 技术的智能家电都包含安全模块，可以确保用户在使用 Brillion 应用 App 与智能家电之间的通信安全。如果希望了解 GE 在家电通信安防方面的努力，可以前往 GE 官网。

希望了解 GE 的 Brillion 技术的独创特性，可以前往 GE 官网。

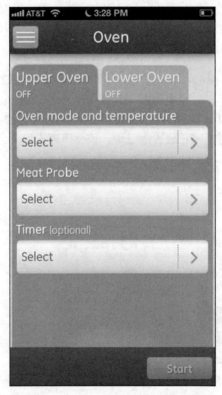

图8-7：
GE的Brillion应
用App可以帮
助用户管理支
持Brillion技术
的烤箱

图片由通用电气有限公司提供

## 8.2.5 iDevices

iDevices 这家公司的兴起得益于智能手机的普及。该公司 2009 年推出 iGrill 这款产品后，出现了爆发式的增长，并随之推出了一系列的智能厨房产品，目前保持了可观的市场份额。随着 Apple 公司的 HomeKit 套件问世，iDevices 在智能家居市场的地位也可谓水涨船高。

### iGrill

iGrill 是 iDevices 的创始人 Christopher Allen 于 2009 年完成的呕心沥血之作。iGrill 这款产品一经问世就受到大众的热烈追捧，并且专业的烧烤机构也对它赞不绝口，比如 Smokin 的 Hoggz 烧烤比赛团队，他们在 NBC 电视台周一到周五早上的今日秀节目上向观众推荐了上述产品。

## iGrill 2

"那么，iGrill 究竟可以做什么呢？"

很高兴你这么问！iGrill 是任何喜爱烧烤肉类和蔬菜的人士梦寐以求的东西。iGrill（见图 8-8，该产品的最新型号 iGrill 2）是你烧烤时方便检查温度的专用温度计。

图8-8:
iGrill 2可以帮助用户在烧烤时留意被烤制食品的温度，用户无须投入过多精力在烧烤上，可以有精力做些别的，比如准备其他食物等

图片由iDevices有限公司提供

iGrill 2 可以通过蓝牙与用户的智能手机通信，蓝牙协议可以让两台距离较近的设备实现交互，在这种情况下，用户的 iOS 或 Android 智能设备就必须支持蓝牙，才能和 iGrill 2 通信。

下面是 iGrill 这款产品可以为你的烧烤提供诸多便利的使用方法。

（1）给你的烧烤架点火，然后给它加热达到一定的温度。

（2）准备好将要烧烤的食材。

（3）将 iGrill 温度探头插入正在烤制的肉块最厚的那部分。

（4）将温度探头和 iGrill 2 相连。

（5）确认你的智能设备上的蓝牙功能处于开启状态。

（6）启动 iGrill 2。

（7）在智能设备上打开 iDevices 的应用 App，在 iDevices 设备管理列表中选择 iGrill 2，它会自动和你的智能设备进行匹配。

（8）在 iDevices 应用 App 上，选择正在烤制食品的类型和预期温度即可。

不要将 iGrill 2 放在烧烤架上，或者其他高于人体温度的物体表面。虽然温度探头可以耐受较高的温度，但是 iGrill 2 本身可以承受的温度是很有限的。

"我已经有一个食物温度计了，干嘛还要画蛇添足再买一个呢？"

很高兴你会这么问，亲爱的读者。

下面就是 iGrill 2 与众不同之处了。你在烧烤时如果有别的事情，那么只需带着智能手机离开即可。用户不需要像以前那样必须守在烧烤架旁边，拿着食物温度计不时地在食物上戳两下，测一测它的温度（也许你还需要给这些食物偶尔翻个面）。iGrill 2 可以帮助用户监测烤架上肉制品内部的温度，可以通过智能设备上的 iDevices 应用 App 随时查看它们（见图 8-9）。此外，当烤制的食物达到你在上述步骤的第八项设定的温度时，应用 App 会及时通知你，食品烤制好了，可以把烤好的肉制品拿走，然后饱餐一顿了（虽然产品说明书上没有这么写，不过你应该懂我的意思）。

图8-9：
iDevices的应用App可以帮助用户了解正在烤制的食品的内部温度

图片由iDevices有限公司提供

iGrill 2 自带了两个温度探头，不过如果参加烧烤的人数较多，那么你可以添加更多探头满足需求。当然如果有必要的话，还可以再购买一台 iGrill 2 设备。

## 迷你版的 iGrill

iDevices 还推出了一款专门为独身人士或一次烤制食品分量较少的家庭而设计的产品：迷你版 iGrill。迷你版 iGrill 和 iGrill 2 一样，也可以在智能设备上使用 iDevices 的应用 App 报告食物温度。但是和 iGrill 2 不同之处在于，迷你版 iGrill 只支持一个温度探头。

迷你版 iGrill 有一个非常棒的特性，可以帮助用户方便地确认被烤制食品的状态。迷你版 iGrill 顶部的 LED 灯泡的不同颜色分别代表如下含义：

> » 绿色代表开始烤制食品；
> » 黄色代表离预设温度还有 15 华氏度（−9.4 摄氏度）；
> » 橘黄色代表离预设温度还有 5 华氏度（−15 摄氏度）；
> » 红色代表食品烤制完成，可以吃了。

迷你版 iGrill（见图 8-10）可以监测到如果用户不在附近而无法查看烧烤食品的 LED 指示灯状态（根据用户手机的地理位置），在这种情况下，它会进入低电量模式关闭 LED 灯。省电其实就是帮用户省钱，所以这类设计当然是多多益善。

图8-10：
除了只支持一个温度探头之外，迷你版 iGrill 仍然是一款优秀的烧烤辅助工具

图片由iDevices有限公司提供

希望了解 iGrill 系列产品，可以前往 iDevices 官网。

## iGrill 还能帮助我们制作烟熏制品

iGrill 不仅是烧烤时的利器，还是熏肉爱好者的好帮手。iDevices 有专门制作熏肉的配件，iGrill 通过一个环境温度探测器检测烟雾温度，当该温度探头监测到烟雾温度低于或者高于预设区间时，会及时通知用户。iGrill 2 和迷你版的 iGrill 都支持使用 iDevices 的应用 App。

### 厨房温度计

iDevices 不仅在烧烤方面广受赞誉，在厨房里也表现不俗。iGrill 是你烧烤或者熏制肉类的好帮手，那么 iDevices 的厨房温度计是你在厨房里的好伙伴，如图 8-11 所示。

图8-11：
iDevices的厨房温度计正在工作，它可以确保食物能完美地达到预定温度

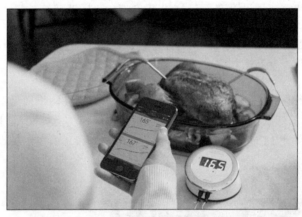

图片由iDevices有限公司提供

厨房温度计和 iGrill 的工作原理类似，在你烹饪时，将温度探头插入肉类内部，检测其中的温度变化。不同之处在于，它是专门为家里的厨房烹饪而设计的，而不是户外烧烤（烧烤一般都是在户外或者阳台等比较开阔的地方进行）。

厨房温度计支持两个温度探头，因此你可以同时使用它们监测两种不同的肉类，或者某些体积比较大的，类似土耳其火鸡这种食材的不同部位。

此外，如果你有事离开厨房，该温度计还可以使用蓝牙和你的智能设备通信，iDevices 的应用 App 可以帮助你时刻注意正在烹饪的肉类的温度。 如果你离厨房温度计比较近，那么只需要使用它提供的触摸屏交互界面查看温度探头的温度。

当在烹饪时，一个真正的美食爱好者也许想和朋友分享他做过的美食。iDevices 为你想到了这些，它的应用 App 支持用户方便地和朋友分享美食照片。你可以把自己烹饪的美食照片发布在 iDevices 的社区里面，供其他 iDevices 用户观赏。当然，你也可以使用自己的社交账号展示自己的美食作品，如图 8-12 所示。

图8-12：使用iDevices的应用App将自己的美食作品照片发布到iDevices用户社区或者社交网络上

图片由iDevices有限公司提供

iDevices 应用 App 还可以让用户在 iDevices 社区中查看其他用户制作的菜谱，帮助用户改进厨艺。而且这些都是应用 App 免费提供，这无疑是物超所值的。

## 迷你版厨房温度计

迷你版厨房温度计之于厨房温度计就像迷你版 iGrill 之于 iGrill 2：体积更小，但是功能强大，易用性也绝不逊色。

迷你版的厨房温度计只支持一个温度探头，它还使用了和迷你版 iGrill 一样的 LED 指示灯：绿色代表开始煮饭，红色代表饭煮好了。黄色和橘黄色代表某个中间状态，这样方便用户知晓烹饪的食物快煮好了。

图 8-13 是正在运转中的迷你版厨房温度计，可以通过 iDevices 提供的应用 App 进行远程管理。你还可以使用应用 App 给迷你厨房温度计预设温度。

**TIP**

iDevices 的温度计产品有一个非常有用的特性，其中当然包括 iGrill，那就是它们内置了一块磁铁，可以紧密地贴合到金属表面。我知道这个特点乍一看并没有特别之处，但是当你的厨房灶台上摆放着炊具、餐具以及其他烹饪需要用到的物品时，可以把温度计安放在炉灶旁边或者其他物体表面是非常好的设计。温度探头也是经过磁化后包装的，因此当你准备收纳 iDevices 厨房温度计时，只需要将探头和温度计放在一起，它们就可以牢牢地吸住彼此，然后方便地将它们收纳到一处即可。iDevices 的工程师们的确考虑周全，以人为本。

图8-13：
小巧如高尔夫球大小的迷你版厨房温度计，功能强大

图片由iDevices有限公司提供

## 其他相关产品

我的外婆会做人形或者其他动物形状的软糖，我的妈妈从她那里不仅学会了制作软糖的手艺，而且厨艺也十分精湛。尽管她们做的甜点已经尽善尽美了，不过我敢打赌她们仍然会对 iDevices 推出的甜点温度计能够解放她们的双手倍感欣慰。

甜点温度计（见图 8-14）是专门用于检测甜点制作过程中食物温度的。它省去了人们以前为了制作完美的甜点而频繁地推测食物温度的工作。甜点温度计可以和 iDevices 的 iGrill 及厨房温度计一起协作，当然，也包含上述产品的迷你版产品。

该甜点温度计不仅可以用于制作甜点，而且可以用来监测油温。Spivey 奶奶也一定会爱上这款产品的。我想 iDevices 的工程师和设计人员在研发这款产品时，心里也一定充满了对妈妈和外婆的爱吧。

甜点温度计可以在 iDevices 的在线商店找到，其中还为用户提供了很多相关的配件和附加温度探头，如果读者有意购买，可以前往 iDevices 旗下相关网站。

图8-14:
iDevices甜点
温度计可以为
烧烤爱好者制
作好吃的甜点
提供一臂之
力，让大家品
味甜蜜的生活

图片由iDevices有限公司提供

## 8.2.6　Quirky

你的妻子像往常一样准备烘培一些蛋糕，不过当她打开冰箱时发现没鸡蛋了。当她面带愠色地注视着你时，你才惊觉自己忘了昨晚她让你多买些鸡蛋的叮嘱。现在你只能谄媚地向她笑一笑，希望可以待在家看球赛，但是她目无表情地用手指着大门。僵持到最后，你不得不离开电视机，先去把鸡蛋买回来。

其实上述尴尬的场景完全可以避免的。首先，需要记住她昨晚说的有关鸡蛋的事情，其次，采用你的好友上个月给你的建议，购置一台 Quirky 的鸡蛋提醒器。这样一来，在家里的鸡蛋快吃完了时，鸡蛋提醒器可以通过你的 iOS 或 Android 智能手机提醒你，同时记住妻子的叮嘱。那么你就不必浪费时间再跑一趟超市，而且也不会错过第一场四分之一比赛了。

Quirky 的鸡蛋提醒器，如图 8-15 所示，它的发明人是 Rafael Hwang。这款产品大大提高了人们的生活品质，下面是它的安装步骤。

（1）购买一台鸡蛋提醒器回家。

（2）拿到鸡蛋提醒器后，启动它（开关在它的底部）。

（3）在你的 iOS 或 Android 设备上下载 Wink 应用 App（如果你以前没有安装过的话），然后打开该应用 App。

（4）在 Wink 应用 App 中添加一台新的设备。

（5）在设备列表上找到鸡蛋提醒器的家居图标，它的状态指示灯应该是橘黄色的。

（6）Wink 的应用 App 提示开始倒计时的时候，把智能手机放在鸡蛋提醒器的顶部。

（7）鸡蛋提醒器在你的 Wink 应用 App 中注册完成之后，智能手机会发出悦耳的铃声，相应的程序界面也会告知你注册"成功"了。

（8）将鸡蛋放入鸡蛋提醒器中，然后将盖子合上。

（9）当你准备拿几个鸡蛋煮饭时，可以先把鸡蛋提醒器的盖子打开，该产品会用灯光提示用户拿取其中存放时间较久的鸡蛋。这些存放时间较久的鸡蛋最好先吃。你拿走那些存放时间最久的鸡蛋之后，系统会向你展示存放时间次久的，以此类推。

图8-15：
Quirky的鸡蛋提醒器可以帮助用户识别存放其中的鸡蛋的新旧，方便用户选择

图片由Quirky有限公司提供

用户可以在 Wink 的应用 App 上随时查看冰箱里鸡蛋的状态，还可以在 Wink 应用 App 里面做一些设置，当鸡蛋数量减少到某个数字时，自动收到提醒。

希望进一步了解上述鸡蛋提醒器的详细信息，可以前往 Quirky 官网。

# 第9章

# 家居用水管理

以我个人的经验来看，家里每个月的水费支出并不是非常高，不过其他支出，如电费和燃气费高得吓人，导致这一结果的原因无非是由于这些资源的日常使用比以往多而已。但是这种情况发生在水费上时，你马上想到的可能是以下几个原因。

» 家里是否漏水了？

» 孩子洗澡的时间是不是太长了？

» 邻居是不是又偷我家的水了？

虽然上述情况都有可能发生，不过漏水往往是罪魁祸首。你仔细检查房间的每一个角落、每一截水管、瓷砖、马桶等，希望能够定位发出"嘀嗒……嘀嗒……"声的漏水处，这也是让你的钱包慢慢变薄的潜在威胁。

本章将会介绍家居用水的管理，以及使用当前的技术，用户不仅可以监控家里水源的 潜在泄漏（进一步防止产生后续的损失），而且可以帮你密切关注这种最宝贵的资源之一的日常使用。

# 9.1　家居用水监控

水是人们日常生活中必不可少的资源之一，这是大家公认的。水和人们的生活密不可分，以至于人们在为之缴费或者失去它时才会意识到它的重要性。本节将会探讨家居用水的管理，以及如何更好地利用水资源。

## 9.1.1　水源监控的必要性

如果你花点时间认真思考一下水源监控的原因，以及水在日常生活中扮演的重要角色，那就一目了然了。日常生活中很大一部分都会和水有关：

>> 不管怎样，你每天都要喝水。即使你没有给自己倒一杯凉水解渴，但是你喝的某些液体也包含大量水分。冰茶、咖啡、汽水，甚至成人的饮料中也都包含大量水分。

>> 洗碗、洗衣服、洗车和洗澡都需要用水。

>> 水能够避免头发干燥，从而保证你的头发吸收营养，使之显得有光泽。

>> 当去洗手间时，你需要用水，之后还要用水洗手。

>> 刷牙时需要用清水冲洗。

>> 在休闲活动中，水的使用也是必不可少的。无论是在海滩上，还是在家里后院的花园中。

水让人们的日常生活变得丰富多彩。毫不夸张地说，留意这种资源的使用情况是个不错的想法。不仅可以合理地使用这种资源，还可以降低每月的生活开支（水费很便宜，不过也并不是免费的）。

从未来的角度看，为了让更多的人享受水的好处，如果现在不认真管理水的使用，那么危害会非常大。家庭用水的损害有可能是灾难性的，甚至造成人身伤害。家里漏水如果没有及时发现，有可能会让用户造成极大的经济损失，甚至还会导致由于霉菌引起的健康问题。如果能够及时发现漏水问题，那么就可以避免严重后果的发生。

因此，水源监控的原因主要有以下两个。

>> 及时发现生活用水的大量浪费，避免造成意外的生活开支。

及时发现漏水问题，避免用户的财产受到严重损害。

## 9.1.2　如何监控生活用水

在家里监控生活用水的最佳解决方案（姑且称之为 A 计划）是在每个主要出水口安排一位家庭成员把守，大家使用对讲机通信，你的配偶负责浴室，大女儿负责后院，儿子负责厨房水槽，小女儿负责洗衣机软管，奶奶负责卫生间。

好吧，我想大概部分家庭成员都会极力反对上述计划，那么让我们进行 B 和 C 计划。

B 计划是使用若干检测设备，当检测到有水源泄漏时，可以通过文本、电子邮件以及其他方式给你的智能手机、平板电脑和个人电脑发送预警信息。这些设备由一些简单的传感器组成，它们检测到水源泄漏问题之后，会将漏水处的湿度报告给一个智能集线器之类的设备，之后就可以及时向用户发出预警了。

C 计划是选用一台"智能"水表，实时监测用水量，并定期向你的智能手机、平板电脑或者个人电脑发送报告。通过使用这个应用 App，可以准确地知道家里的日常用水量，以及多种统计数据，比如每月的账单和过往月份用水量对比。

接下来的章节将会介绍擅长水源监控的公司及其相关产品，这些产品可以替你的家庭成员履行上述 A 计划中的职责。

# 9.2　水源监控产品简介

从事水源监控和泄露检测的公司有很多，不过其中大部分产品要么是难于使用，要么倾向于工业用途。本节将要讨论的产品，都是采用了最新的技术，可以让那些饱受漏水问题困扰的用户将漏水监测当作一种乐趣。

## 9.2.1　Wally

"Wally"这个名字也许会让你联想到皮克斯动画制作的动漫电影中绅士机器人的角色，不过它们的样子完全不同。本节介绍的 Wally 这款产品（见图 9-1）是要把你从若干让人头疼的漏水问题中解放出来，跟电影院没关系。

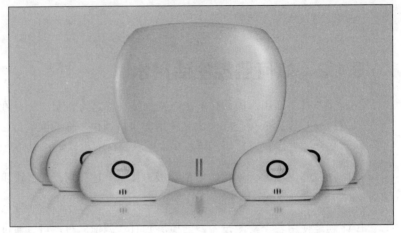

图9-1:
Wally的集线器
和传感器能够
协同工作，在
漏水问题给你
的财产造成损
失之前，及时
向用户发送预
警信息

图片由SNUPI技术有限公司提供

Wally 是由 SNUPI 技术有限公司研制生产的，它的用途很简单：在用户家里发生水源泄漏时，及时向用户发出预警信息。Wally 的表现非常出色，而且能够兼容大部分智能家居系统。

Wally 是通过它自带的智能集线器和用户安装在家里的若干传感器完成工作的，这些传感器被安装在可能发生漏水隐患的地方。传感器在监测到发生漏水问题时，会自动向智能集线器发送通知，集线器收到报警信息后，通过文本或者电子邮件通知用户。上述传感器是通过家里现有的电线和智能集线器通信的，其电池的续航时间可以达 10 年之久。Wally 的传感器会报告温度、户外湿度和其所在位置的室内湿度。

建议前往 Wally 官网进一步了解它的相关信息和工作原理。点击该网站右上方的链接可以导航到 Wally 的在线商店。前往在线商店后，可以选购 WallyHome，它是一套 Wally 产品的入门套件。它包含初次接触这一系列产品的用户所需的基本部件，其中包括：

» 集线器一个；

» 传感器 6 个；

» 电源线一根；

» 网线一条。

购买了 WallyHome 入门套件之后，你还可以根据需要单独购买这些传感器配件。集线器最多可以支持 1024 个传感器，因此你不必担心传感器数量太多的问题。

**TECHNICAL STUFF**

Wally 背后的厂商是 SNUPI 技术有限公司，其自主研发的 SNUPI 技术为该产品提供了技术支撑。该公司的传感器采用了 SNUPI 技术，该技术使得传感器能够利用用户家里现有的电线设施，实现设备间的通信。如果你希望深入了解 WallyHome 入门套件的内部工作原理，可以前往 Wally 官网，点击该页面右上方的相关链接，可以跳转到它的工作原理的介绍页面，然后在该页面底部，它提供了该产品的详细技术说明书的 PDF 文件供用户下载。

如果我不介绍如何使用 Wally，那么就是我的失职了，其实也很简单，用户通过 Wally 应用 App 管理相关的传感器。Wally 应用 App，参见图 9-2，不仅可以在发生漏水时向用户预警，而且还包括如下功能：

» 指导用户把 Wally 传感器安装在家里的最佳位置。

» 允许用户调整传感器的灵敏度。

» 允许用户激活和关闭传感器。

» 可以帮助用户管理处于多个位置的不同 Wally 集线器和传感器，比如度假屋和办公室。

图9-2：
通过Wally应用App，用户可以管理所有Wally传感器

图片由SNUPI技术有限公司提供

用户还可以使用 Wally 应用 App 的管理员账户登录该应用，执行其他任务。

## 9.2.2 Driblet

Driblet 公司有两个宏伟的目标：让全世界节省金钱和水资源。对于某些人来说，省钱的想法远胜省水。某些人则更倾向于节省使用这种最宝贵的自然资源。我想大部分人是持中间立场：既认识到了水资源在生活中的重要地位，又希望能够节省开支。不管你的立场如何，Driblet 这款集成了软硬件的产品能够同时达到上述两个目标。你会发现，Driblet 不仅可以管理用户的生活用水量，还可以在用户浪费水时及时预警，帮用户在日常生活中养成良好的用水习惯。

Driblet 的硬件部分是一部和用户家里的水管相连的智能水表，类似一个淋浴蓬头（见图 9-3）或者水槽。Driblet 会记录流过水表的水量，然后将这些数据发送到云服务器上。

图9-3：
Driblet智能水
表会从用户家
中的不同位置
收集用水量信
息

图片由Driblet实验室提供

Driblet 智能水表包含如下特性。

» 该水表是自供电的，它通过流经的水流发电，因此永远不需要给它更换电池。

» 可以把任意半英寸的水管与该水表相连。

» 水表不仅可以记录流经的水量，而且可以监测水温。

» 智能水表与 Driblet 的云服务器是通过家里的 Wi-Fi 网络通信的。

Driblet 软件部分的特点是：用户可以使用浏览器或者在智能手机和平板电脑上使用 Driblet 的应用 App 查看水表收集的信息。因此可以方便地管理家里每个

Driblet 智能水表。它们的相关信息可以通过智能手机或者平板电脑进行实时推送，用户也可以使用浏览器查看上述设备的信息。

该产品提供了对应用 App（见图 9-4）和浏览器的支持，用户可以为每个水表预设预警信息，当发生符合预设条件的情况时，就能及时收到预警信息了。比如，可以为浴室中的 Driblet 智能水表设定一些条件，当用水量达到一定阈值时，自动发送警告提示。在手机上收到提示后，用户可以提醒你的孩子，不要像在伊利湖中游泳那样在浴室里洗澡，因为你能够明确知道他洗澡用了多少水。

图片由Driblet实验室提供

图9-4：
Driblet的应用
App是用户的
节水良伴，当
用水量超过预
期阀值时，就
会收到警告提
示

可以前往 Driblet 官网了解 Driblet 产品的详情。目前，Driblet 已经支持预订了，该产品本身已经受到全球政府机构、公司和个人的热烈追捧。

## 9.2.3　INSTEON

INSTEON 粉丝有福了！该公司专门为 INSTEON 智能家居系统用户推出了一款泄漏传感器，并且可以兼容现有的 INSTEON 集线器。

该产品虽然功能单一，但是表现良好：它可以检测家居泄漏问题。它和本节前面介绍的 Wally 相比，功能类似（事实也是如此），不过 INSTEON 的泄漏传感器有一个非常明显的优点：那就是如果你家里已经安装了 INSTEON 的智能家居系统，就不需要再另外购买一台集线器管理 INSTEON 的泄漏传感器。

为了使用 INSTEON 的泄漏传感器，需要执行如下步骤。

（1）在官网上购置若干传感器，或者可以去一家 INSTEON 产品专卖店购买。

（2）将买回来的传感器安装在可能发生泄漏的地方。INSTEON 列出了如下位置可能存在潜在的水源泄漏：

- 地下室；
- 洗碗机；
- 冰箱；
- 洗涤槽；
- 洗手间；
- 洗衣机；
- 热水器；
- 净水机。

（3）在智能手机或平板电脑上打开 INSTEON 的应用 App，根据屏幕提示，将传感器添加到 INSTEON 集线器设备列表中。

（4）配置应用 App，当传感器检测到水源泄漏时，及时向用户发出预警信息。

INSTEON 泄漏传感器（见图 9-5）的安装和使用都非常简单。唯一需要你关心的是，当它发出泄漏预警信息时，需要仔细检查发生水源泄漏的位置，以及 10 年后给它更换电池时。没错，是 10 年！INSTEON 的泄漏传感器只需要一节 AA 锂电池，就能续航工作 10 年。

## 辅助跟踪记录水质的利器 Creek Watch 应用 App

IBM 研发了一款非常棒的应用 App，帮助全球的水域保护组织、科学家以及其他机构跟踪水质变化。它的名字叫 Creek Watch，用户可以前往 Apple 应用商店获取。如果你希望为你生活的地方追踪水质条件提供帮助，可以在 iPhone 或者 iPad 上安装 Creek Watch 应用 App，为研究机构提供本地水质的 4 个特征：水体的图片、水体中的垃圾含量、水体的流动速度、水体的总含量等。举手之劳，就能够为保护地球水资源做出很大贡献，正所谓功在当代，利在千秋。

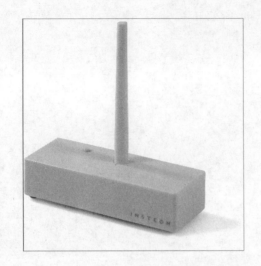

图9-5:
INSTEON的泄漏传感器可以全天候工作,一块电池可以续航10年

# 第 3 部分
# 户外智能化

# 第10章

# 智能家庭影院

大部分人对长辈们的唠叨印象深刻，特别是我们的祖父母。其中不乏对世事变迁的感慨和对当前幸福生活的赞扬。

"我小时候上学要赤脚走 10 里山路才能到学校，而且风雨无阻！"的故事代代相传，时间久了难免让人生厌。但是不幸的是，我发现自己也继承了这一恶习，坚定不移地将自己的"苦难"展现给儿女们，甚至还包括他们的儿女，将光荣传统薪火相传。

虽然我不能给儿女们说我以前上学时要赤脚在雪天跋涉数十里的经历，但是我可以给他们讲讲我经历过的艰难困苦。小时候看电视换台的郁闷经历仍然记忆犹新，每次换台时必须起身到电视机前面切换电视频道（记得只有三四个频道可选吧），电视机上的旋钮分为 VHF 和 UHF 两个，如果其中一个转动不当，就会出毛病，这时你就不得不请大人帮忙，修正频道，从而避免电视机屏幕出现雪花屏。想想都觉得恐怖。我还记得第一次在当地的 Montgomery Ward 超市里看到电视遥控器时喜极而泣。家里买回第一台带遥控器的电视机时，我的喜悦是无法言表的。这种感觉就是飘飘欲仙的狂喜。

这些天，我的孩子们正在为是使用 Netflix 还是 Amazon Prime 观看流媒体视频而争论不休，他们可以使用 iPad 观看这些视频服务，也可以使用 Google 的 Chromecast 将它们转换到支持互联网的电视机上。

他们所处的时代真可谓日新月异！

# 10.1　现代化的家庭影院

大部分读者对于我前面介绍的电视机可能已经没什么印象了，不过对于手动切换电视机频道还是记忆犹新的。娱乐业的技术变革真可谓一日千里，我的部分经历如下。

» 记得 CD 光盘吗？第一次见到这种闪亮的小圆盘时，感觉就像是《星际迷航》电影里的道具。

» 卡式磁带呢？或者 8 轨道的磁带呢？

» 过去几十年来，播放黑胶唱片一直是欣赏音乐的最佳方式。（黑胶唱片曾经一度绝迹，不过随着大众的喜好变化，它又出现在人们的视线里了）。

» 我的孩子第一次看到索尼的 Walkman 播放器是 2014 年夏天，他们是在电影院看漫威的《银河护卫队》时接触到的。电影的主人公常常会使用 Walkman 播放音乐，以此缅怀昔日的光辉岁月。

» 我爷爷有一台华丽的木质播放机，其中包括黑胶唱片转盘、8 轨播放器、AM/FM 收音机，以及录制音乐的内部存储介质，当然也少不了一对优质的扬声器。他的沙发床的很大一部分空间被这些物件占据了（当然，搬动也不是很方便！）。

上述事例数不胜数，限于篇幅，就不再赘述了。

## 10.1.1　今日的家庭影院

Apple 公司推出 iPod 和 iTunes 之后，凭借一己之力永远地改变了娱乐播放业生态。从那以后，苹果公司和它的竞争对手们让大众在听歌、看书、看电影甚至看电视等方面的消费习惯发生了革命性的变化。

你可以通过以下几种方式进行数字化影音娱乐。

» 通过类似 iTunes 或者 Google Play 等在线商店购买媒体服务。

» 使用基于互联网的流媒体播放器（也叫"机顶盒"，很多服务植根于此。），比如 Roku 和 Apple TV。

» 订阅 Netflix 和 Hulu 之类的媒体服务。

» 在 Kindle 这类数字设备上购买电子书。

当你了解了若干数字娱乐方式之后，你可以通过多种新的途径使用它们。

» 在个人电脑上使用浏览器观看，也可以使用专用的应用 App。

» 在智能手机或平板电脑上选用不同服务提供商开发的应用 App（比如 Netflix、Amazon，甚至还可以是 DirecTV 这类电视服务提供商），如图 10-1 所示。

» 在电视机上安装媒体播放器，比如 Roku 和 Apple TV，甚至可以是一款游戏盒子。

» 如果你的电视机足够"智能"，并且可以上网，那么还可以选择类似 Hulu 的专用应用 App。

图10-1：
类似Netflix这
类专用App，
可以让用户在
多种设备上观
看订阅服务

图片由Netflix有限公司提供

## 10.1.2  智能家庭影院技术

使用 Wi-Fi 和互联网听歌和看电影逐渐成为大众消费的主流方式，而且这只会是一个不断增长的市场。许多人（包括我自己）正在逐渐抛弃旧有的消费习惯（网线和卫星接收器），开始拥抱新事物：

» Wi-Fi 网络和支持 Wi-Fi 的电视机、音箱和扬声器让你的娱乐设备能够更方便地播放基于互联网的流媒体。

» 订阅服务，比如 Amazon（Amazon Prime）和 Netflix 这类服务提供商，用户只需要支付少量的月费或者年费，就能够随心所欲地观看他们提供的视频服务。此外，Pandora 公司还可以为用户提供免费的音乐服务。

» 在线的社交媒体网站，比如 YouTube（全球最受欢迎的三大网站之一，仅次于 Google 和 Facebook）已经改变了人们获取视频的方式。

» 类似 Google 的 Chromecast 电视棒这类设备，它可以让用户像在个人电脑和平板电脑上观看视频那样，在支持 Wi-Fi 的电视机上播放视频。

» 许多音箱系统制造商，比如 Bose 和 Pioneer，已经推出了支持 Wi-Fi 的音箱产品，用户可以通过智能手机或平板电脑的应用 App 管理这些音箱。

这些就是当前家庭影院革命之初正在发生的事情。随着技术的不断进步，我们的家居和家庭影院也会添加更多智能化元素。

# 10.2　智能家庭影院产品简介

本节将要介绍的部分厂家在业内已经久负盛名，目的只是在新领域进行品牌扩张。不过对于有些厂家，大众对他们知之甚少，是家庭娱乐业的新面孔。总之，他们都是能够为你的智能家庭影院锦上添花的不错选择。

## 10.2.1　Roomie

现在你家里应该有一台电视机，那么我敢打赌和电视机配套的还有一条数据线和卫星电视服务商。此外也许还有一套环绕式立体声音箱摆放在电视机旁边。也许你还购置了流媒体播放器，这样你就可以在电视上收看互联网视频了。当然，也许还有一个游戏控制终端。别忘了，还有若干散落在家中各处的电视机和娱乐设施。

这些设备就是家里可供你选择的所有娱乐设施了。不过遗憾的是，离开了遥控器，你就玩不转它们了，遥控器就像横在你和上述设备之间的一座大山。

"我知道怎么解决这个难题，"你自信地说着，一边点头，脸上带着狡黠的笑容，"我会定制一台万能遥控器！"

"哦，亲爱的朋友，这个主意也许在 10 年前是行得通的，但是万能遥控器没法兼容你家里的所有娱乐设备，这款遥控器也许只支持红外线，但是不兼容 Wi-Fi 设备。"这才是真正的杀手锏：兼容 Wi-Fi。

如果我告诉你有一款遥控器产品可以管理你的所有设备，甚至兼容 Wi-Fi 呢？没错，既兼容红外线，也兼容 Wi-Fi 的遥控器：Roomie（见图 10-2）。Roomie 是一台虚拟遥控器，更准确地说，Roomie 是一款安装在你的 iOS 智能手机或平板电脑里的应用 App，可以通过它管理用户家里的任意设备。

对此我并不是在说笑，我保证都是千真万确的。

Roomie 甚至还提供了一份设备兼容列表，方便用户检查自家的家庭娱乐设备是否能够使用 Roomie。该兼容列表分为 3 种类型。

> » **IP 兼容性**：标识那些原生支持 Wi-Fi 网络的设备。

> » **红外线（IR）兼容性**：标识那些可以使用 Roomie 管理的红外线设备，这些红外线设备需要使用 Roomie 的频率适配器才能正常工作。

> » **串口（serial）兼容性**：标识那些可以使用 RS-232 串口连接器的设备。这种连接器是老式的显示器和你的电脑连接使用的转换器。这些设备需要 Roomie 频率适配器和串口数据线才能和 Roomie 遥控器一起正常工作。

表 10-1 列出了一小部分兼容 Roomie 遥控器的产品制造商，以及设备兼容类型（IP、IR 和 serial）。

表 10-1 并不是一个详尽的清单列表。Roomie 兼容的设备数以千计。总之，不管你的智能家居设备是支持远程控制的，还是有些落伍，甚或接近报废，Roomie 都能够为它们提供完美的兼容性支持。很少有产品可以提供这种级别的兼容性。

Roomie 甚至可以管理其他智能家居设备，比如窗帘和灯具等。总之你知道这些比一无所知要强。

当然，Roomie 也并不是完美无缺的。它让人诟病的一点就是售后服务，用户只能通过发送电子邮件联系它的售后人员。它不提供电话和人工语音服务，如果用户现在正好需要帮助，那么很不幸，现在唯一可以做的事情就是等待！

可以上网了解这款伟大的遥控器替代品的详细信息。需要注意的是，请点击产品网站的"Compatibility"选项卡，看看自家的智能家居产品是否能够和它兼容。

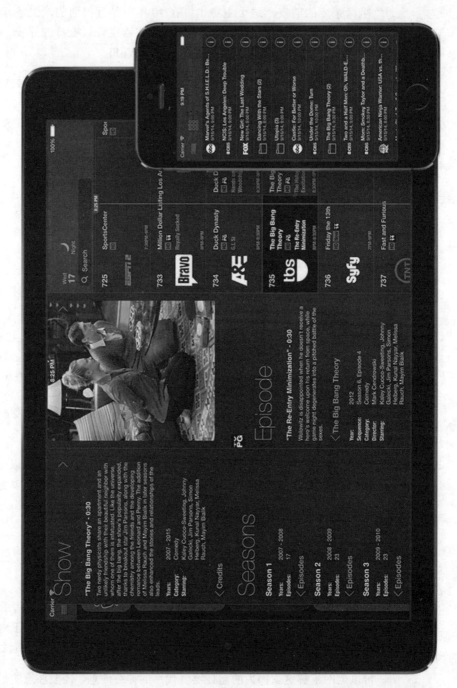

图10-2：
Roomie为任
意支持Wi-Fi
或红外线的设
备提供了一款
虚拟遥控器

图片由Roomie遥控有限公司提供

表10-1　　部分支持Roomie产品的设备制造商

| 制造商 | 兼容类型 |
|---|---|
| Acer | IR |
| Apple | IP, IR |
| Denon | IP, IR, serial |
| Google | IP, IR |
| INSTEON | IP, IR |
| JVC | IP, IR |
| LG | IP, IR, serial |
| Lutron | IP, IR |
| Nest | IP |
| Onkyo | IP, IR, serial |
| Panasonic | IP, IR |
| Philips | IP, IR |
| Pioneer | IP, IR, serial |
| Roku | IP, IR |
| Samsung | IP, IR, serial |
| Sharp | IP, IR |
| Sonos | IP, IR |
| Sony | IP, IR, serial |
| Tivo | IP, IR |
| Yamaha | IP, IR, serial |

目前，Roomie 只支持 iOS 设备（撰写本书时）。不过，Roomie 在其官方网站上宣称将会在 2015 年实现对 Android 设备的兼容。该公司声称已经加快了兼容 Android 设备的工作进度，因此我们对此也不能有什么异议。

## 10.2.2　Blumoo

Blumoo 是另外一家为了把用户从一大堆遥控器中解放出来而推出万能遥控器产品的公司。不过这一次，Android 用户并没有受冷落，Blumoo 为 Android 和 iOS 设备都提供了支持。

Blumoo 的工作机理和 Roomie 稍有不同。Blumoo 是采用蓝牙技术实现 iOS 或 Android 智能手机、平板电脑与 Blumoo 基站之间的通信的（见图 10-3）。

图10-3:
在智能设备上
发送指令时,
Blumoo的基站
会把信号发送
到相关的智能
家居设备上

图片由Blumoo有限公司提供

由于 Blumoo 不使用 Wi-Fi 进行通信，因此这样可以避免占用网络带宽。另外一个好处是，当 Wi-Fi 网络停止工作时，Blumoo 仍然可以正常运行。

Blumoo 基站内置了 IR（红外线）功率放大器，这样一来，通过红外线发送的指令就能轻松穿越墙壁、家居等障碍物，保证让家里的每台娱乐设备都能准确地接收到指令。

Blumoo 另外一个非常酷的特性是用户可以将音箱直接与 Blumoo 基站相连，这样用户就能够从智能设备上播放在线音乐了。将 Blumoo 和家庭音箱相连，就可以在线欣赏所有设备上的音乐了。是不是很方便呢？

Blumoo 的应用 App 可以让用户方便地管理家庭影院设备。

» 为所有娱乐设备下载相应的预配置虚拟遥控器。该公司兼容的设备超过 225000 种之多。

» 为虚拟遥控器配置移动、删除和添加按钮。

» 为执行多个动作编制宏，实现一键式管理。比如，立即打开或关闭所有娱乐设备的宏程序。

当然，它让人不爽的地方和 Roomie 一样：Blumoo 只支持用户发送电子邮件获得帮助。实际上我听闻的一个客户支持视频是这么说的：当遇到问题或者在安装 Blumoo 产品时遇到困难时，厂家"将会尽快和你取得联系"。那尽快到底又什么意思呢？发送邮件后的几分钟？还是下一个工作日？当用户安装 Blumoo 产品时遇到问题，厂家客服人员如果已经下班回家了呢？请相信我，Blumoo 这家公司的客服人员并不是全天候待命的。不过这也没什么，但是客户至少应该收到一个明确的答复，也总好过"尽快"这个词吧。

希望我上面的话没有打消你前往该公司网站的念头。这个网站实际上还是非常有趣的。

## 10.2.3　Logitech

"你懂的，Dwight"，我常常会听到有人对我这么说，"我想要一台万能遥控器，整天把它拿在手里，就可以方便地管理我的所有智能设备，遥控器上密密麻麻的按钮让我感觉一切尽在掌握。"

朋友，我和 Logitech 都感受到了你渴望！

Logitech 是 Harmony 系列万能遥控器的制造商，它们专门是为了满足物理（相对于虚拟来说）遥控器爱好者的需要而研制的。

Harmony 万能遥控器只支持 IR（红外线），因此你不能使用它管理任何 Wi-Fi 设备。比如，Google 的 Chromecast 电视棒只支持 Wi-Fi，因此 Harmony 万能遥控器对它来说就派不上用场了。

Logitech 的 Harmony 系列产品功能各异，价格差距也不小，但是它们的产品市场定位还是非常精准的。

它的旗舰版产品包括如下特性，如图 10-4 所示。

 >> 一台遥控器最多可以控制 15 台娱乐设备。

 >> 遥控器上的按钮功能可以自定义。

 >> 内置的触摸屏可以让用户像操作智能手机和平板电脑那样切换菜单。

 >> 它支持的家庭娱乐设备达 270000 种之多。

 >> 它使用充电桩供电，因此你不需要频繁地为这款遥控器更换电池，这让用户省心不少。

>> 用户最多可以添加 50 个自己喜欢的频道，在观看娱乐节目时，只需要轻轻点几下频道图标即可。

图10-4：
Harmony旗舰版，可以帮助用户管理家里的所有娱乐设备

图片由Logitech提供

旗舰版遥控器是一款非常棒的家庭娱乐设备管理工具。它在 Mac 和 Windows 个人电脑上的安装也非常简单，安装步骤如下。

（1）打开 Web 浏览器，然后导航到 Harmony 网站。

（2）在该网站的顶部单击"Sign In/Set Up"链接。

（3）单击页面上"Download"按钮，下载和用户电脑匹配的 MyHarmony 软件。

该网站会自动检测你的电脑的操作系统，然后下载相应版本的软件。

（4）安装 MyHarmony 软件，然后启动它。

（5）如果没有账号，最好先注册一个，如果已经注册了账户，那么就使用该账户登录即可。

（6）根据屏幕的操作提示（见图 10-5），将 Harmony 遥控器和个人电脑相连，接下来就可以进一步做适当配置了。

执行完毕上述步骤之后，就可以使用货真价实的实体遥控器来管理家里的娱乐设备了。

可以前往 Harmony 网站进一步了解 Harmony 系列遥控器的产品详情，以及其他产品，比如键盘，使用键盘可以更方便地管理家里的娱乐设备。

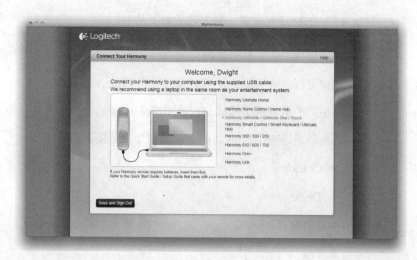

图10-5：
使用Mac或
PC电脑配置
Harmony旗
舰版应用软件

图片由Logitech提供

## 10.2.4　Apple

流媒体视频风靡已久，不过直到最近，通过电视机和智能设备观看这些视频的
用户才出现了明显增长。这主要得益于能够将流媒体内容轻松转换到电视上的
流媒体设备的出现。

Apple TV 是这类产品中最流行的产品之一（见图 10-6）。

图10-6：
基于互联网的
流媒体视频，
通过Apple TV，
用户还可以在
个人电脑和iOS
智能设备上播
放这些视频

图片由Apple有限公司提供

Apple TV 的特点有很多，其中包括如下几个。

>> 支持播放 1080p 高清视频。

>> 用户可以在电视机上使用 iTunes 账号播放 iTunes 的视频内容。

>> 在用户的电视机上播放 iTunes 音乐，或者把电视机当作音箱。

>> 还可以通过应用 App 访问下列流媒体服务提供商的产品：

- Crackle；

- Disney；

- ESPN；

- Fox；

- HBO；

- History；

- Hulu Plus；

- MLB；

- NBA；

- Netflix；

- NFL；

- Showtime；

- YouTube。

>> 可以使用 AirPlay 在 Mac 或 iOS 设备上播放流媒体内容。

>> 浏览用户存储在 iCloud 上的文件，比如照片或者自拍视频。

>> 观看用户使用 Mac 上的 iMovie 软件制作的视频。

>> 使用 Apple 的家庭共享功能和其他家庭成员共享已付费的娱乐内容。

>> 为其他设备制作内容镜像，方便用户在电视机上浏览，如图 10-7 所示。

Apple TV 的功能特性还有很多，限于篇幅，就不再赘述了。

Apple TV 可以很方便地使用一根 HDMI 数据线和电视机相连。将它们连接好之后，用户可以使用 iPhone 或 iPad 上的蓝牙功能访问 Apple TV，它使用这种快速连接收集用户 iPhone 或 iPad 上的 Wi-Fi 网络设置。该设备启动和运行都非常快速。

当它运行之后，可以使用它自带的遥控器管理它，也可以在你的 iOS 智能设备上安装相应的遥控应用 App 管理它。不管你是不是 Apple 产品的粉丝，也不论你使用的是 Mac 还是 Windows 个人电脑，Apple TV 这款产品都是值得尝试一下的。可以前往 Apple 官网了解详情，也可以到本地的 Apple 专卖店亲自体验一下（当然其他卖场，比如百思买，也提供了 Apple TV 的样品供用户把玩）。

图10-7：
镜像文件可以让用户在iOS智能设备、Mac电脑和电视机上看到一样的内容

图片由Apple有限公司提供

TECHNICAL
STUFF

Apple 提供的遥控应用 App 的功能并不仅限于管理你的 Apple TV。还可以直接在连接了 Airport Express（一种可以和外部设备相连的无线路由器）的音箱上在线播放音乐。不同设备之间的内容可以同步，在室内任意特定设备上可以播放音乐和视频等。可以前往 Apple 官网进一步了解该设备详细信息。

## 10.2.5 Roku

Roku 公司成立于 2002 年，是为数不多的几家专注于流媒体播放器的公司之一。因此，它也是最受欢迎的产品之一。Roku 3 播放器目前已经销售了数百万台，如图 10-8 所示。

它的设计理念非常简单：打造一个小型的应用盒子，里面集成了多家视频服务商的内容，把你的电视机和互联网连接起来，构建一个固若金汤的流媒体帝国。成千上万的电视节目和电影触手可及，用户可以随心所欲地观看这些节目。

Roku 的商业模式一向如此，而且它也不打算从内容中获得利益。比如 Apple 希望用户使用自家的 iTunes 服务，因此只能在 Apple TV 上使用 iTunes。实际的事例还有很多。

但是，Roku 除了销售流媒体播放器之外，不会有别的算计在里面。Roku 不会在意用户使用什么牌子的电视播放视频或者听歌（它当然也提供音乐频道，不只是视频）。用户在 Roku 上有超过 1800 个频道可供选择。这听上去像是电视节目的天堂，从某种意义上说，的确如此（Roku 会为用户提供主流的流媒体频道服务，这一点和 iTunes 有着显著的差别）。不过有一点需要明白，上述大多数频道的内容都是和笑话有关的。其中的笑话内容非常鸡肋，食之无味、弃之可惜。但是，这对于 Roku 的优点来说瑕不掩瑜。你不能指望在每个频道都找到适合你以及家人口味的内容，发生这种事情的概率是非常小的。

图10-8：
Roku最新的流
媒体播放利器：
Roku 3（附带
遥控器和头戴
式耳机）

图片由Roku有限公司提供

在你外出旅游时也可以带上 Roku ！ Roku 盒子可以记住用户信息，因此在外出旅游时只要所在地可以上网，就可以使用 Roku 盒子在电视上播放自己喜欢的娱乐节目。

Roku 播放器目前有 4 种型号，它们分别是如下几种。

>> Roku 1。

>> Roku 2。

>> Roku 3。

>> Roku 流媒体电视棒，如图 10-9 所示。

图10-9：
流媒体电视棒
很容易安装在
电视机后面

图片由Roku有限公司提供

每种 Roku 播放器都包含如下特性。

>> 1800+ 的流媒体频道。

>> 提供 1080p 高清视频。

>> 内置的 Wi-Fi 功能，可以通过家庭网络播放在线视频。

>> 可以通过智能手机或平板电脑上的 Roku 应用 App 管理 Roku 播放器。

>> Roku 遥控器，部分产品还内置了头戴式耳机（根据型号不同略有差异）。

可以在网上将 Roku 的产品模型进行一对一的比较，以便确定符合自己需求的产品。

Roku 的应用 App 为用户提供了另外一种管理 Roku 设备的方式。可以将搜索到的内容立即发送给若干 Roku 设备。不过 Roku 最吸引我的一点是可以把应用 App 当作遥控器来使用（见图 10-10），因为对于有 4 个小孩的家庭来说，找不到遥控器是非常正常的。对于 Roku 的应用 App 来说，只需要打开智能设备，启动 Roku 应用 App 即可，其他事情就不需要你操心了。

在 Roku 公司的官方网站上可以了解所有和 Roku 产品相关的问题，同时也可以帮助用户了解所有可用的流媒体频道。

在智能手机或平板电脑上使用 Roku 应用 App 时，请务必确保使用的网络是一致的。如果在将 Roku 设备和手机连接时碰到了问题，那么请确认已连接网络且使用的不是移动运营商提供的互联网连接。

图10-10：
Roku的应用
App不仅可以
作为备用遥控
器，而且可以
根据用户需要
作为用户的主
遥控器

图片由Roku科技有限公司提供

## 10.2.6 Google

Google 公司是另外一家开始涉足不同领域（其主业是搜索引擎）的科技巨头，并且逐步开始向着多元化方向发展，电视是其中的一个发展方向。

Google 开始涉足电视机市场是 2010 年，它推出了 Google TV，不过似乎开局不利，Google TV 逐渐在人们的视野中消失了（大概是 2014 年）。之后 Google 又推出了运行在 Android TV 操作系统上的 Nexus 播放器如图 10-11 所示，虽然大家对它的期望很高，但是它在 2014 年 11 月才迟迟发布，似乎有追赶竞争对手之嫌。Nexus

播放器提供了标准的应用 App 供用户播放流媒体视频，比如 Netflix 和 Hulu，还可以在智能设备上播放上述频道内容（类似接下来要介绍的 Google 自主研发的 Chromecast 电视棒），但是很多开发人员需要跨国邮购才能得到该产品。

图10-11：
Nexus播放器是谷歌基于 Android系统开发的最新的流媒体平台产品

图片由Google提供

关于 Nexus 播放器重要的一点是，Android TV 操作系统支持用户运行标准的 Android 应用 App 程序。换句话说，用户在 Android 智能手机和平板电脑上安装的应用 App，同时也可以在 Android TV 上运行。这样可以大大提高 Android 设备之间的兼容性和一致性。

不过，Google 将基于互联网和个人电脑的内容迁移到电视机的解决方案是 Chromecast 电视棒。Chromecast 电视棒（见图 10-12）是一款能够兼容电视机 HDMI 端口的加密狗。

Chromecast 电视棒是一款极具 Google 特色的产品。体积小巧，价格亲民。35 美元就能让你的电视机大放异彩。

Chromecast 电视棒的安装非常简单，它的安装步骤如下。

（1）将 Chromecast 电视棒插在电视机后面的 HDMI 端口上。

（2）Chromecast 电视棒使用 USB 供电，因此还可以将它插在电视机的 USB 端口上、USB 电源适配器上，或者支持 USB 的标准插座上。

（3）可以使用 Mac 或 Windows 个人电脑，iOS 或 Android 智能设备则前往 Google 网站，然后为你的设备下载适当的 Chromecast 电视棒应用 App。

（4）打开安装好的 Chromecast 电视棒应用 App，然后根据操作提示配置 Chromecast 电视棒的网络连接。

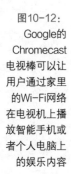

图10-12：
Google的
Chromecast
电视棒可以让
用户通过家里
的Wi-Fi网络
在电视机上播
放智能手机或
者个人电脑上
的娱乐内容

图片由Google提供

我几乎忘记告诉读者一件非常重要的事：为了在你的 Mac 或者个人电脑上播放视频内容，你还需要下载和安装 Google 的 Chrome 浏览器。它是唯一（至少目前是）能够播放 Chromecast 电视棒内容的浏览器。而且，你还需要安装 Google CAST 浏览器扩展。安装该扩展的步骤如下。

（1）在你的个人电脑上打开 Chrome 浏览器。

目前该扩展还不支持移动版的 Web 浏览器。

（2）前往 Google 应用商店，然后单击蓝色的"访问 chrome 应用商店"按钮。

（3）在结果页面的左上角的搜索框中输入"Google Cast"关键字，然后单击"Enter"按钮。

（4）在搜索结果页面中找到 Google Cast 扩展项，并单击它。

你也许需要将页面滚动一下才能找到相应内容。之后在浏览器页面上会有一个新窗口弹出，其中包含了 Google Cast 的功能特性介绍。

（5）单击该弹出窗口右上方的"免费安装"按钮，安装该扩展插件。

（6）关闭 Google Chrome 浏览器，然后重新启动（完全退出，然后重新打开）来激活上述扩展。

（7）为了播放在 Chrome 浏览器中展现的内容，你可以单击 Chrome 窗口右上角的"CAST"按钮，如图 10-13 所示。

该产品最酷的特性是任何你在 Chrome 浏览器看到的内容都可以通过 Chromecast 电视棒在你的电视机上重现。

Chrome 浏览器是我最喜欢的浏览器，同时它也是很多网友的挚爱，除了它有些占用内存之外。当 Chrome 浏览器首次发布时，我就爱上了它的响应速度和操作界面，但是实际上不时地还需要等一等，因为它占用了我电脑的大部分内存（我在 Mac 和 Windows 电脑上都经历过这些）。不过，它经过几次版本迭代之后，表现似乎好了很多。不止一次，我发现不得不强制重启它，然后手动释放大量内存。Chrome 是一款非常棒的浏览器，但是当你发现自己的电脑响应迟钝时，最好关闭该浏览器，然后重新启动它，看看情况是否得到了改善。

图10-13：
单击Chrome浏览器上的Cast按钮，就可以把浏览器上的内容发送到你的电视机上

## 10.2.7　Bose

如果你以前接触过 Bose 音箱，那么它对声音的演绎给你的印象应该是非常难忘的。我并不是说音箱市场上其他厂家的产品没法和 Bose 媲美，但是我敢肯定，在众多厂家中能够超越它的寥寥无几。虽然 Bose 已经有 50 年的历史了，

但是它仍然是音箱技术领域的创新领导者。

Bose 公司的 SoundTouch 系列 Wi-Fi 音箱（见图 10-14）是用户可以在家里随意摆放的无线音箱，可以使用 iOS 或 Android 设备管理它们。

图10-14:
SoundTouch
系列音箱音质
悦耳，外观漂
亮，而且可以
通过你的智能
手机或平板电
脑管理它们

图片由Bose有限公司提供

SoundTouch 音箱包含 3 种型号，图 10-14 中从左到右分别为：

>> SoundTouch 30 是专门用于空间较大的房间，展现 Bose 优美音质的；

>> SoundTouch 20 是专门用于中等大小的房间的；

>> SoundTouch Portable 也适用于中等大小的房间，但是它便于携带，因此可以将其摆放在房间的任何位置。

所有型号都包含如下特性：

>> 可以直接连接用户喜欢的流媒体音乐平台（比如 Pandora、Spotify 等）或者互联网电台；

>> 从用户的个人音乐库中播放流媒体音乐；

>> 每种型号都配置有 6 种预设的电台供用户选择，可以使用 SoundTouch 应用 App 配置这些电台，并且该应用 App 是随 SoundTouch 系统免费赠送的，还可以使用音箱上的按钮一键直达电台；

>> SoundTouch 音箱还可以和其他 SoundTouch 音箱相连，在你家里创建一个音箱专用网络。可以在这些音箱上同时播放同一首歌或者几首歌。

SoundTouch 应用 App 同时支持 iOS 和 Android 系统。iOS 用户比 Android 用户能够享受更多福利，那就是 SoundTouch 音箱原生支持 Apple 的 AirPlay。

可以前往 Bose 官网，了解 SoundTouch 系列音箱产品，以及其他 SoundTouch 产品，在该页面只需单击"Wi-Fi Music Systems"选项卡即可。

## 10.2.8　Sonos

谈到音箱，不提及引领 Wi-Fi 音箱风潮的急先锋 Sonos 是说不过去的。

2002 年以来，Sonos 一直是这一细分市场的领头羊，可以说是如日中天。虽然竞争对手不断推出新的产品，但是都无法企及 Sonos 系列 Wi-Fi 音箱能够达到的高度。

Sonos 推出了全系列的高保真无线音箱，以满足用户的需求。

» **SUB** 是一只无线低音炮，可以让用户感受在感官承受范围内的所有低音。该产品如图 10-15 所示，可以和 Sonos 的系列音箱产品搭配使用。

» **PLAY:1** 是一款体形小巧，声音洪亮的音箱。这款产品让 Sonos 音箱打上了声音箱亮的标签。一对 PLAY:1 音箱可以在狭小的空间里实现丰富的立体声效果。或者可以作为一套家庭影院的后置扬声器的有益补充。

» **PLAY:3** 是 Sonos 公司推出的声音比较大的音箱产品，该音箱主要用于中等大小房间，并且可以提供比 PLAY:1 更深层次的低音效果。或者可以作为一套家庭影院的后置扬声器的有益补充。

» **PLAY:5** 是系列产品中的大块头，该音箱提供声音的响亮程度可以用刺耳（Sonos 官方宣传语）来形容，重低音效果也出类拔萃（还是 Sonos 的宣传语）。PLAY:5 主要用于较大空间，并可以用作音箱系统的主播放器。

» 如果家里已经有一套有线的音乐系统了，但是又希望它们支持无线操作的话，那又该如何呢？没问题，**CONNECT:AMP** 可以帮用户的系统挣脱这些束缚，扩大音乐系统的覆盖范围。

» **PLAYBAR**（见图 10-16）是 Sonos 的旗舰产品。该设备不仅可以连接用户的音乐系统，还可以和电视机相连，那么电视里发出的声音就近乎完美了。

用户可以使用 Sonos 应用 App 在 iOS 或 Android 设备上管理 Sonos 产品设备。可以使用该应用 App 管理所有 Sonos 设备，在不同音箱上播放不同歌曲，或者在家里的所有音箱上播放同一首歌曲。

图10-15：
Sonos的SUB
无线低音炮可
以让用户真切
感受到低音的
魅力

图片由Sonos有限公司提供

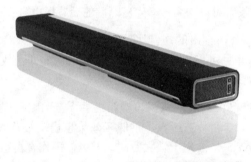

图10-16：
Sonos的PLAY-
BAR是Wi-Fi
音乐和音箱爱
好者的福利，
而且外观看上
去也非常酷

图片由Sonos有限公司提供

图10-16

Sonos 支持用户直接将音箱和 Wi-Fi 网络相连，但是你一定会爱上它的另外一个特性：用户可以创建独立的 Sonos 设备的 Wi-Fi 网络。能够防止 Sonos 设备占用其他无线设备急需的网络带宽，这样可以让无线扬声系统更稳定（Sonos 设备已经被识别了），随着设备的增加，还可以扩展 Sonos 无线网络。

前往 Sonos 官方网站，可进一步了解公司产品的详细信息，以及本书未曾提及的精彩内容。

尽情享受听觉盛宴吧！

**本章概要**

保持家居温度和湿度达到最佳状态

个人气象站以及其他气象产品简介

户外运动中，可穿戴设备可以有效避免紫外线伤害

# 第11章

# 天气预报

每个人都在抱怨天气，其实只是嘴上说说而已。

——Willard Scott

大家都非常喜爱 Al Roker 这样的影视明星，Willard Scott 甚至被当作传奇人物广受赞誉（Willard Scott，是 1963 年第一个扮演麦当劳大叔的人）。但是不幸的是，大部分人对于和自己息息相关的天气并不上心。移动设备的出现改变了这一切。

随着智能手机和平板电脑上的精品天气预报应用 App 的出现，人们查看实时天气变得非常简单。只需等待几秒，你就可以知道当地或者其他城市如意大利罗马（或者兼而有之，不过我现在就有些偏离主题了）等地的天气情况。但是当你使用自己喜欢的天气预报应用 App 查看当地天气时，它告诉你今天阳光明媚、不会下雨，而你看到窗外雷雨交加、大雨倾盆时，失望的感觉应该不止一次吧？如果你问周围的朋友，那么他们对这种情况肯定也已经劳骚满腹了。

## 11.1　天气与日常生活息息相关

大家都会有一些业余爱好，有些人喜欢收集棒球卡和漫画书，有些人喜欢整晚监听警用频率，追踪当地执法部门的最新动向。有些人喜欢运动和攀岩，有些人喜欢研究天气变化，研究每种天气可能会给我的生活造成怎样的影响。

虽然大家能够清楚地知道智利当地的风力有多大，西伯利亚降雪量是多少，那么你知道邻居的天气么？或者你后院的天气？甚至你家里的气候变化？

"为什么我要去关心自家的天气呢？那不是恒温器该考虑的事情吗？"

问得好！的确，恒温器可以告诉你其所处位置周边的温度，但是它没法告诉你家里地下室或者娱乐室的温度。了解家里特定区域的温度，是你为智能家居系统购置个性化的气象监测设备的充分理由之一。下面是一些购置气象设备的建议，以供参考。

> » 检查家里或者某一特定区域的一氧化碳浓度。
> » 检查家里的湿度。
> » 家里的植被需要浇水时，及时收到通知。
> » 确切知道自家后院的风向和风速。

上述需求（甚至更多）都可以通过当前的家庭气象仪和技术来满足。目前还有一些可穿戴设备，可以告知用户在户外活动时的阳光是否充足。接下来的内容会进一步介绍家庭气象仪，以及其他可以改善大众生活品质的气象技术。

我们现在可以配置个性化歌曲播放列表，还能够定制轿车。人们甚至可以定制一块"专属于自己口味"的汉堡。我觉得天气和大家的生活息息相关，就像我们日常吃的生菜、洋葱、番茄这些食品一样重要，不是吗？

## 11.2　智能化天气预报

个人气象站和其他个性化气象产品市场需求异常惊人。我说"惊人"是因为我敢打赌，大部分人甚至并不知道有这样一种市场存在。不过它当然是存在的，很多公司对于实时天气预报服务的需求是非常迫切的。本章的目的不是向读者介绍一种适合智能家居系统的个人天气解决方案，而是让你了解，在智能家居系统中有多种个性化天气预报服务和产品可供选择。

## 11.2.1　Netatmo

Netatmo 公司虽然成立于 2011 年，但是它在业内已经小有名气。Netatmo 的产品遍布全球，并且广受赞誉。本节会将主要精力放在该公司推出的两种产品上，它们可以帮助人们掌握能够提高个人生活品质的本地天气。

### Netatmo气象站

Netatmo 公司的主要业务是个人气象服务，并且经营的有声有色。在了解过 Netatmo 气象站的室内和户外模块之后，你应该会对此有更深刻的认识。它圆润的银白色铝合金外壳与天井和沙发桌非常搭调。如图 11-1 所示，这些设备能够完美地和用户现有的家庭装饰搭配在一起。

用户可以从 Netatmo 的城市气象站（Netatmo 对其入门级产品的说法）着手打造自己的气象服务。该产品包含一个室内模块、一个户外模块和一个专属于室内模块的 USB 电源适配器（户外模块使用两节 7 号电池即可续航工作一年左右）。

图11-1：
Netatmo的气象站的室内和户外模块外观设计简洁大方，与其他设施摆放在一起也并不违和

图片由Netatmo提供

它的工作原理非常简单，不过信息收集功能已经很完备了。虽然这些信息并不复杂，不过质量很高。

室内模块可以帮助用户监测下列信息。

» 室内温度。

» 室内相对湿度。

» 室内空气质量。

» 一氧化碳水平。

» 噪声水平。

户外模块将会报告如下信息。

» 户外温度。

» 户外相对湿度。

» 户外空气质量。

» 气压。

» 天气状况。

下面简单介绍一下它的工作原理。

（1）户外模块将信息发给室内模块。

（2）室内模块会使用家里的 Wi-Fi 网络将上述两个模块的信息发送到 Netatmo 的云服务上。用户可以按下室内模块顶部的按钮强制刷新室内模块的监测信息。

（3）可以在智能手机或平板电脑上通过 Netatmo 应用 App 实时访问上述信息（见图 11-2）。用户也可以在个人电脑上使用 Web 浏览器访问 Netatmo 网站，用相应的账户登录该网站，查看相关信息。

Netatmo 公司还为 Windows Phone 用户提供了支持（当然也支持 iPhone 和 Android 用户），不过你的手机操作系统版本必须是 Windows Phone 8.0 及以上的才行。

室内模块还可以直接监测房间里的一氧化碳含量。

（1）按下该设备顶部的按钮即可开始测量。

（2）设备前端光柱的颜色代表含义分别如下。

- 绿色代表房间里的一氧化碳含量完全正常。

- 黄色代表房间里的一氧化碳含量比平时稍高。

- 红色代表房间里的一氧化碳含量过高，室内需要通风。

图11-2:
用户可以方便
的在智能手机
或平板电脑上
使用Netatmo
应用App

图片由Netatmo提供

可以前往 Netatmo 网站了解该公司所有气象站产品的详细信息。该网站还提供了一组精彩视频向访客展示气象站产品的功能特性，以及它们在实际生活中的使用案例。

在尝试了这款城市气象站入门套件之后，也许你会发现一个室内模块并不能完全满足需要。如果是那样的话，还可以根据需要订购多个模块配件。对于户外模块，还可以订购一个雨量监测器和气象站搭配使用。前往 Netatmo 网站（如图 11-3 所示），然后单击右上角的"Shop"按钮，将商品添加到你的购物车里即可。

真正的气象迷应该非常乐于访问 Netatmo 的气象地图网站。该网站可以根据 Netatmo 用户的喜好显示全球的气象信息。甚至可以使用该网站右下角的按钮定制显示气象信息的方式（比如用摄氏度还是华氏温度显示温度值）。

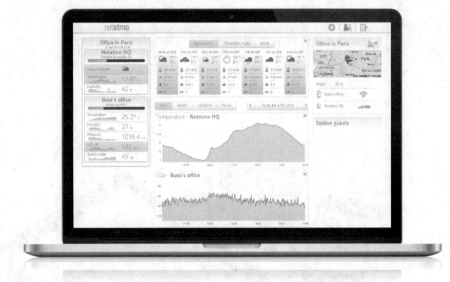

图11-3：
用户可以方便
的使用个人电
脑（包括Linux
系统）上的
Web浏览器管
理个人气象站

## Netatmo的JUNE手环

上一章节已经向大家介绍了 Netatmo 的气象站。不过 Netatmo 在个人气象领域走得更远。读者是否对这样一款可穿戴设备感兴趣？它可以帮助你在户外测量阳光的照射强度，当太阳光太强时可以及时向你发出警告，甚至可以根据光照强度建议你涂抹哪种防晒霜，避免被晒伤。它就是日光浴和户外运动爱好者的好伴侣：Netatmo 的 JUNE 手环（见图 11-4，图中的女士佩戴的手环就是这样一款设备）。

图11-4：
JUNE手环有
助于用户防止
皮肤晒伤和过
早老化

JUNE 手环是一款用户可以像佩戴手表一样使用皮带或者合金铰链戴在手腕上的设备。而且用户还可以像吊坠或者胸针那样把它装饰在衣服上。JUNE 手环是一名珠宝设计者的杰作（因此它的外观非常华丽），并且有 3 种颜色供用户选择：铂金色、金黄色和青铜色。

JUNE 手环好的一面是：它可以让你清楚地知道白天在户外时，皮肤能够承受的紫外线强度是多少，而且它可以通过蓝牙与你的智能手机通信。JUNE 手环不好的地方是：它的应用 App 目前不支持 Android 设备（也许 Netatmo 将来会发布支持 Android 设备的应用 App，至少我觉得很有希望！）。

JUNE 手环应用 App 在用户初次登录时会向用户询问若干与用户皮肤类型相关的问题，如图 11-5 所示。在用户使用 JUNE 手环产品自带的 USB 充电器给它充满电之后，可以通过 iPhone 将相关的信息和 JUNE 手环同步。配置完毕之后，JUNE 手环会在用户户外活动时及时告知用户阳光的照射强度，尽量减少阳光强度过高时给用户皮肤造成的伤害。

图11-5:
配置JUNE手
环应用App，
便于用户的皮
肤免受紫外线
的伤害

图片由Netatmo提供

## 11.2.2 ARCHOS

ARCHOS 是法国的一家科技公司，它的主要业务是平板电脑、智能手机和智能手表。不过，该公司在个人气象领域的表现也非常抢眼（其产品也是非常值得推荐的）。

ARCHOS 气象仪使用室内和户外模块帮助用户监测天气情况和其他环境因素，将它们安装好之后，用户就可以通过智能手机或平板电脑上的 ARCHOS 天气应用 App 后台接收天气信息了。天气信息会通过家里的 Wi-Fi 网络上传到 ARCHOS 的云服务器上（"云"这个词对于天气应用是不是很形象呢？），然后用户就可以使用智能设备随时随地访问它们了。

室内模块（见图 11-6）可以监测大量的室内气象信息，比如：

» 温度；

» 相对湿度；

» 气压；

» 噪音水平；

» 空气质量。

通过户外模块，用户可以知道房屋外部的温度和相对湿度。

用户还可以简单地在室内模块设备前面挥动手臂来获得室内空气质量的即时反馈。圆形设备顶部的指示灯显示为绿色表示室内空气质量良好；黄色代表空气质量变差；红色代表室内空气质量很差，需要把家里的门窗打开通风透气。

图11-6：
ARCHOS气
象仪的室内
模块可以通过
ARCHOS的云
服务向用户的
智能手机或平
板电脑发送环
境信息报告

图片由ARCHOS提供

目前为止，我想你一定会认为 ARCHOS 气象仪和 Netatmo 气象仪差不多，因为它们功能类似。不过进一步想想，很多同类产品的制造商其实不止一家。比如，通用汽车和本田汽车生产的轿车功能都差不多，三星和索尼也都制造电视机。虽然很多公司生产的都是同类产品，不过它们都会占有一定的市场份额。这可能要归结于用户的喜好不同吧。

ARCHOS 气象仪不同于 Netatmo 的产品的地方是，它包含一个土壤模块。土壤模块（见图 11-7）可以摆放在家里的植物周围（当然，你可以根据需要购置多个土壤模块），监测土壤的温度和湿度。当家里的植物需要浇水时，它会及时向用户发送预警信息，让用户从这些琐碎的工作中解脱出来（至少对我是如此）。ARCHOS 是你家里的花花草草的好伙伴。

如果希望进一步了解 ARCHOS 气象仪以及相关模块的详情，可以前往官方网站，在其官方网站上点击选项卡中的"Weather Station"链接，该页面包含一组视频和图片相册，以及该设备所有模块的技术规范说明书。

## 11.2.3　AcuRite

AcuRite 是 Chaney 仪器制造有限公司（成立于 1943 年）旗下的产品，该公司作为气象仪制造商已经存在很长时间了，甚至比 Apple 和其他厂商推出智能手机和平板电脑的时间还要早。

AcuRite 提供了多款产品可供气象爱好者和气象专家选择。不过本章主要的精力会放在一款特殊的产品上：AcuRite 气象环境系统。

图11-7：
添加ARCHOS
的土壤模块
后，你家里的
植被会对你感
恩戴德的

图片由ARCHOS提供

AcuRite 环境气象系统包含如下部件。

>> 气象站显示器一台。

>> AcuLink 互联网网桥一个。

>> AcuLink 应用 App 和网站。

>> 五合一天气传感器一个。

AcuLink 互联网网桥如图 11-8 所示。五合一传感器收集到的数据会通过该设备与互联网相连接。用户可以通过 AcuLink 网站访问这些数据，也可以通过自己的 iPhone、iPad 和 Android 设备下载安装 AcuLink 的应用 App 进行访问。

气象站的显示器是一种台式设备，它自身可以监测和报告室内的温度和湿度（不幸的是，不能监测空气质量），也可以显示五合一传感器检测到的数据。用户可以方便快捷地通过该显示器查看室内和室外的气象信息。因此，务必确保将该设备安放在家里一个比较显眼的位置。

图11-8:
AcuLink互联网网桥可以方便地将五合一传感器检测到的信息发送到AcuRite网站和应用App上

图片由AcuRite.com提供

如图 11-9 所示，五合一传感器不仅功能多样，而且专业水准也很高。这款产品顾名思义，包含 5 种收集天气信息的传感器，它们分别是：

» 温度计（虽然其貌不扬，不过性能优异）；

» 湿度仪（听上去还是非常高端的）；

» 风速计（令人印象深刻）；

» 风向仪（很普通，也很实用）；

» 雨量仪（同上）。

图11-9：
AcuRite的五
合一气象传感
器很像《星际
迷航》主角
Spock使用的
道具，外观十
分酷炫

图片由AcuRite.com提供

"这些设备看上去很高端，但是一个湿度计和风速仪具体有什么实用价值呢？"

很高兴你会这样问，亲爱的读者！这款五合一传感器功能强大，能够为用户报告如下信息。

» 个人气象站可以为用户报告早、中、晚 3 个时段的天气预报。

» 户外温度。

>> 户外湿度。

>> 风速和风向。

>> 气压。

>> 风寒。

>> 雨量数据。

AcuRite 的个人气象产品非常棒，它提供了大量气象传感器和显示屏设备供气象爱好者选择。强烈建议读者前往该公司的官方网站了解该公司的所有产品。为了找到本节介绍的气象环境系统，你可以在该公司官方网站主页的搜索框中输入关键字"01055A1"，然后在结果页面中点击相应的链接即可。

## 在 Weather Underground 上共享自己的气象信息

Weather Underground 是世界上最好的气象网站之一，你可以将自己的气象站与之相连，助它一臂之力。将自己的气象站数据提供给该网站之后，可以通过该网站的气象预报模型获得更精确的本地气象预报信息，这样也有助于生成更精确的本地区气象预报信息。还可以在该网站上查看自己的天气预报信息。用户可以在该网站上找到将自己的个人气象站接入该网站的具体办法。你可以和全球超过 30000 气象爱好者分享气象信息。

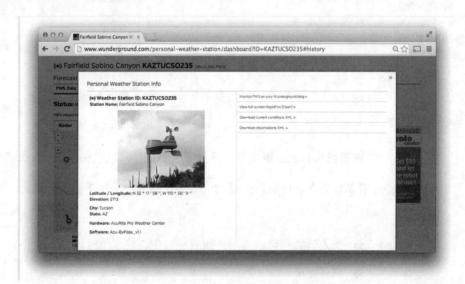

第12章

# 智能化护理草坪

大家对家务劳动的刻板印象包含如下场景：

» 妈妈在煮饭，爸爸在修理水槽。

» 爷爷在安装新的货架，而奶奶忙着她的针线活。

» 哥哥在清洁卫生间，妹妹在客厅津津有味地看电视。

上述内容的最后一条只是开个玩笑。它们也让我陷入了对童年往事的痛苦记忆，确切地说是和父母、妹妹有关的记忆，给我稚嫩的心留下了一大块阴影。

囿于世俗的成见，修剪草坪的工作总是由男性来完成的，并且通过本章的题目读者也会很容易将他们和修剪草坪联系起来。不过，在我的记忆中，不止一次看到我的奶奶、妈妈和妻子在草坪上推着草坪机辛勤地劳作着。因此本章的内容也同样适合女性读者。

很多人喜欢在自家草坪上玩耍，但是提到修剪草坪时，很多人都望而却步，宁愿将草坪交给几头牛照看。但是牛这种动物对于目前城市中生活的人们来说越来越罕见了，因此大家一定会对接下来将要介绍的产品赞不绝口：集成了最先进的科技成果的智能草坪机。

# 12.1　智能化护理草坪

大众对于未来的想法是非常乐观的，随着技术的不断进步，人们做自己喜欢的事情的时间会越来越多，不得不做、甚至让人抓狂的事情上的时间会越来越少。因此，帮助人们烹饪、清洁以及其他家务劳动的智能家居产品层出不穷。现在是时候介绍智能家居产品在户外的智能化应用了。

## 12.1.1　智能化护理草坪的优点

周六的早上，你被窗外清脆的鸟啼声叫醒，心血来潮想把门前的草坪好好整理一番。作为一名打理草坪的行家，修理草坪的手艺可以追溯到儿时在乡间的亲戚朋友的耳濡目染和长辈们的言传身教，将草坪修剪得棱角分明、落落大方是你继承父辈光荣传统的切实证明。你端起咖啡胡乱灌了两口，之后打开车库大门，顾不得洗去手上残留的咖啡渍，径直走向还留有晨间露水的草坪埋头苦干起来。风和日丽的春日，你拉动了草坪机的启动绳，草坪机启动之后，马上开始了修剪草坪的工作。

现在已经是半下午了，你的手因为草坪机工作时频频震动而隐隐作痛。喝下去的几加仑水已经变成了汗水打湿了衣服。经过几小时的辛勤工作之后，割草机的刀片开始罢工了，刀刃已经变钝，割草工作也变得困难，最后你不得不到五金店购买一块新的刀片。在你试图清除草坪机储气罐上的凝胶时，手指不小心被引擎割伤了，血流不止。这时你才意识到周围的邻居为什么放弃了亲自打理草坪这项工作。在不幸踩到去年冬天小儿子在后院草坪挖的那个洞之后，你的左脚踝上又多了条新绷带。因为草坪上的草长得非常高，这个洞被掩藏得非常好，以至于你根本没有意识到它的存在。日落西山时你才意识到只能等明天再完成修剪草坪的工作了。

一个让人郁闷的周末。

如果你以前曾经修剪过自家的草坪，那么对上述场景应该并不陌生。这本身也说明了你应该采用智能草坪机的必要性，下面是一些它的优点。

> » 智能草坪机可以帮用户省钱。

> » 智能草坪机的维护费用低廉。

> » 修剪草坪的时间可以根据用户喜好设定。

» 智能草坪机是电能驱动的，不需要汽油。

» 智能草坪机可以代替人力工作，用户可以省心不少。

» 最后，最明显的优点是：既然可以偷懒，何乐而不为呢？（希望喜欢身体力行的读者不必在意这些）。

现在，很多人可能会这么想了，而且我私下也曾这么认为："使用这些设备不是让人们变得更懒，让原本热爱户外运动和家务劳动人有了借口偷懒吗？"那么让我用另外一个问题来回答你："你愿意放弃使用洗衣机、烘干机或者洗碗机吗？"

我想大部分人的答案是否定的。

### 12.1.2　机器可以代劳的草坪护理工作

用户可以选择的智能护理草坪任务非常简单，它们分别是：

» 割草；

» 浇水。

没错，机器可以代劳的草坪护理任务只有两个，但是它们是护理草坪工作的主要内容。我思忖再三，目前还未发现市面上有智能草坪轧边机和绿篱机售卖。我敢肯定某些人想推出类似产品，不过现在来看，它们还是不切实际的。请相信，我可以感受到读者对于上述产品的热切渴望。

## 12.2　智能草坪机产品简介

当我还是一个孩子时，心理曾经有过这样奇怪的想法（不过从未向别人说过）：我想象着 C3PO（《星球大战》中由沙漠行星塔图因上一个 9 岁的天才阿纳金·天行者用废弃的残片和回收物拼凑而成的。）推着割草机在家里的草坪上忙碌着，同时 R2D2 在花坛边修整篱笆，而且 R2D2 还戴着一顶大草帽。

向读者讲述我曾经的幼稚想法只是想说明，人们希望从繁重的庭院护理工作中解脱出来的愿望由来已久。虽然《星球大战》中有名的机器人搭档也许并不会帮你修剪草坪，不过当前很多公司推出的草坪机器人，将会非常乐于做这些工作。草坪机器人是现实中确实存在的，而且很多产品都支持通过智能手机或平板电脑进行管理。接下来会介绍一些智能草坪机厂商，以及能够代替人力修剪草坪、让草坪保持整洁大方的智能草坪机产品。

## 12.2.1　Robomow

Robomow 是全球首台草坪机器人产品，它是成立于 1995 年的友好机械有限公司研制推出的。该产品一经问世，马上就跻身全球草坪机器人一线品牌。该草坪机器人的任意一款标准型号都可以胜任大部分草坪护理工作。就像之前 Robomow 的广告中说的那样："打理草坪的工作就全都交给它吧！"。我个人看来，该公司的确不负众望，给大家的生活带来了诸多便利。

说起 Robomow 产品型号，它是根据用户庭院大小进行划分的：小型（一个型号）、中型（两个型号）、大型（两个型号）。每个型号根据可处理庭院面积的大小可分为以下几种。

» **RM510**：可处理庭院面积可达 5500 平方英尺（1 平方英尺约为 0.1 平方米）。

» **RC306**：可处理庭院面积可达 6500 平方英尺。

» **RS612**：可处理庭院面积可达 12900 平方英尺。

» **RS622**：可处理庭院面积可达 23700 平方英尺。

» **RS630**（见图 12-1）：它能够连你家周围邻居的草坪一并处理了。好吧，只是开个玩笑，不过它可处理庭院面积可达 32300 平方英尺。

图12-1：
Robomow的
RS630是修剪
草坪的利器

图片由Robomow提供

TIP

对于庭院面积超过 32300 平方英尺的用户，你需要购置多台 Robomow 智能草坪机。两个草坪机可以同时修剪草坪，不过它们的配置方式和单台草坪机稍有不同。用户可以前往该产品网站联系该公司的客服人员，咨询配置两台割草机同时工作的方法。

## 确定符合需求的割草机

在为如何测量自家庭院大小而选择相应的 Robomow 割草机而烦恼？不用担心，亲爱的读者，Robomow 已经为你想到了这一点，它帮助用户测量自家庭院大小的方法非常简单，是借助谷歌地图实现的。我们已经生活在了 21 世纪，因此获取知识途径通常只是点点鼠标或者手机屏幕。使用该网站提供的 Robomap 地图即可开始测量自家庭院的尺寸，下面是具体步骤。

（1）打开该网站之后，输入你家的地址信息，方便 Robomap 帮你下载和你家有关的卫星影像。然后单击"下一步"。

（2）在地图上点击和拖曳地图图片，将你家的所在位置定位在地图中央。然后单击"下一步"。用户还可以使用窗体右边的缩放工具条辅助定位。

（3）在屏幕右边的选项卡中选择刷子的尺寸大小。

（4）使用鼠标指针或者手写板，在地图中标记出你平时在庭院中修剪草坪的面积尺寸。如图 12-2 所示，我帮猫王（Elvis Presley）标记出了他家草坪的大小，图中浅绿色高亮部分代表庭院草坪大小。

（5）选择橡皮擦工具可以移除那些标记错误的部分。

图12-2：
使用Robomow
的Robomap地
图可以帮助用
户筛选出符合
需求的草坪机
型号

（6）当你完成高亮标记工作之后，单击"下一步"，可以看到网站根据你标记的庭院面积大小向你推荐的产品相关图片说明和规格参数。

（7）当网站询问你是否愿意和 Facebook 上的朋友分享这一内容时，单击"Skip"略过即可（当然，如果你希望和朋友分享自己修剪的草坪面积大小，分享一下该内容，也未尝不可）。

Robomap 将会向你推荐一款符合需求的草坪机产品，并显示该产品的图片和技术规格。

不得不承认：庭院面积测量工具在帮助用户选择合适的草坪机上非常方便。用户还可以用它来标记一些非常有名的草坪（比如白宫大草坪或者伦敦的温布利大球场），看看 Robomap 会推荐哪些草坪机产品。为了满足你的好奇心，在 Robomap 上标记温布利大球场之后，Robomap 网站页面会提示"BAD MODELS DATA!"错误信息。

## 让割草机做好本职工作

也许你会好奇，智能草坪机在工作的时候如何能够呆在院子里而不闯入路边街道呢？甚或更糟，直接碾过邻居精心修剪过的花盆？秘诀就是边界线缆，它是用户在初次配置 Robomow 智能草坪机时不可或缺的一部分。用户需要绕着自家房屋配置一圈边界线缆，以此给智能草坪机创建一个无法逾越的围栏。用户可以简单地将边界线缆安放在房屋和庭院的 4 周，甚至可以将它埋在地下。一旦智能割草机碰到这些虚拟围栏，它会自动转向另外一个方向前进，就像它真的碰到了树干、灌木等障碍物一样。

设定边界线可能会有一些棘手，特别是对于那些自家院落形状并不是很规则的用户。如果你希望在设计边界线方面得到帮助，那么 Robomow 会非常乐于为你提供符合需求的个性化解决方案（会收取适当的费用）。

## Robomow产品的其他特性

Robomow 的系列智能草坪机产品还包括如下特性：

» 智能草坪机工作是噪声非常小，用户甚至可以在周围邻居睡觉时让它修剪草坪。当邻居周六早上醒来时看到你家的草坪已经修剪得井井有条了，是不是只有羡慕嫉妒恨的份了呢？

» 当智能草坪机完成工作或者电力不足时会马上返回充电桩充电。

» 你可以决定是否在雨天修剪草坪（连雨伞也省了）。

» 用户可以为智能草坪机启动前设定一组 PIN 码。

» Robomow 的应用 App 可以让用户通过自己的 iOS 或 Android 设备管理智能草坪机。可以前往 Robomow 网站了解该应用 App 的详情。

» 智能草坪机还集成了很多安全特性,确保修剪草坪过程中不会给其他人造成意外伤害。

● 提起智能草坪机或者将它翻面时,它会自动关闭引擎。

● 儿童锁可以防止调皮的孩子随意操作它(对于有孩子的家庭,这绝对是很有必要的)。

可以前往 Robomow 网站了解 Robomow 智能草坪机的所有产品型号的详细信息。

## 12.2.2　Husqvarna

稍有名气的园丁和草坪专家应该对"Husqvarna"这个名字并不陌生。该公司涉足草坪和园艺护理业务的历史可以追溯到 20 世纪初,而且他是一家拥有将近400 年历史的公司。当然我事先并不知道,只是查阅了相关文献才知道这些信息。经过数年的发展,Husqvarna 已经成功加入到了草坪和园艺工具顶级制造商的行列,它把这种荣耀继续延伸到了智能草坪机行业。

Husqvarna 拥有超过 20 年研发智能草坪机的从业经验,对于这一行业它可以说是驾轻就熟。一则逸闻趣事是,Husqvarna 的第一款智能割草机是 1995 年推出的,该产品通过太阳能供电,因此得到了"太阳能草坪机"的绰号。

目前,Husqvarna 的草坪机器人被大家称为草坪管家,它们是用户家里智能家居设备中的精兵强将。Husqvarna 的产品以质量过硬著称,这些精巧的设备(草坪管家 220 AC,见图 12-3)可以替用户把家里的草坪打理得井井有条,用户当甩手掌柜即可。

图12-3:
Husqvarna的草坪机器人产品是该公司20多年研发和制造技术的结晶

图片由Husqvarna AB提供

草坪管家系列草坪机可以根据某一基准多次修剪用户的草坪。用户配置好草坪机，启动它之后，就可以高枕无忧了。它每天会按照预定计划修剪草坪，当电力不足时，会自动返回充电桩充电，充好电之后，继续修剪草坪。草坪管家可以使用随机模式修剪草坪，这样可以在你的草坪上修整出漂亮的花纹，并且可以让你的草坪上的小草长得更健壮。草坪管家还可以使用类似剃须刀的原理修剪草坪，然后自动将修剪下来的草叶碎片作为肥料填埋起来（并且无须打包）。几个星期后，使用随机模式修剪的草坪会变得非常漂亮和生机勃勃。

在你选购理想的草坪机产品时，下面是一些 Husqvarna 草坪机的功能特性，以资参考。

» 功耗非常低，充电和打理草坪的花费非常少。

» 草坪管家可以防水，因此即使在雨季，用户的草坪也能保持井井有条。

» Husqvarna 的工程师宣称他们的产品比竞争对手处理陡峭斜坡的能力更强。

» 和其他同类智能草坪机类似，草坪管家也使用一组线缆来划定自身的工作范围。

» 如果某些不速之客想盗走你的草坪管家，它会自动发出警报，并使用一组 PIN 码让贼人束手无策。

» Husqvarna 在其产品中集成了大量安全特性方便用户的生活。当草坪机被提起或翻面时，其刀片会自动停止运作。绝对不会给用户造成人身伤害。

» 内置的控制面板可以方便地设定草坪机的工作时间和模式。

» 辅助线缆可以帮助草坪机快速地返回充电桩，降低了因能源不足而无法工作的可能性。

» 草坪管家修剪草坪的高度非常容易设定。调整该设备顶部的把手即可，如图 12-4 所示。用户不再需要像一般的草坪机那样，调整每个轮子的高度。

Husqvarna 的草坪机用户还可以通过该公司提供的应用 App 管理智能草坪机，当草坪机发生故障时，该应用 App 可以及时通知用户，比如被卡住、躲过了邻居小孩的攻击等。

图12-4：
草坪管家顶部
的把手可以方
便地调节修剪
草坪的高度

图表由Husqvarna AB提供

强烈建议读者去 Husqvarna 的官方网站看一看，找到该网站的产品页面，然后选择草坪机器人类目，进一步了解符合需求的产品详情。该网站还为用户提供了大量的精彩视频和应用技巧，让用户能够轻松掌握草坪管家的使用。

## 12.2.3　LawnBott

LawnBott 是美国协同工业集团推出的产品，虽然该公司的历史远不及 Husqvarna，甚至 Robomow，但是它的智能草坪机产品让人印象深刻。LawnBott 不仅拥有比上述 3 家厂商更多的产品型号供用户选择，而且其产品能够处理的草坪面积也比其他厂商大很多。

当谈到外观时，LawnBott 的产品可能会让用户有些失望了（Spyder 除外，它前卫的设计风格还是很受欢迎的）。不过，外观并不是重点，主要还是看它能不能将草坪打理得井井有条，LawnBott 系列产品的表现完胜大部分同类产品。

LawnBott 的产品型号包括以下几种。

» **LB1200 Spyder**：这款产品（见图 12-5）非常小巧，因此也只适合打理小型庭院（大概 5500 平方英尺），不过它是市面上唯一不需要使用边界电缆的智能草坪机。它使用特殊的传感器判别自身是否越界。

» **LB75DX**：该产品的工作范围可达 7000 平方英尺，采用边界线缆确定工作范围（接下来介绍的型号也同样如此）。

» **LB85EL**：LB85EL 的工作范围可达 24000 平方英尺。

» **LB200EL**：LB200EL 的工作范围可达 38000 平方英尺，它比 Robomow 最好的智能草坪机 RS630 的工作范围足足多出了 6000 平方英尺。

» **LB300EL**：该型号能够处理的庭院面积可谓空前的：64000 平方英尺。简直是草坪机中的战斗机。

图12-5：
LawnBott的
Spyder草坪
机不需要边
界电缆圈定
工作范围

图片由LawnBotts.com提供

LawnBott 产品的工作原理和其他智能草坪机厂商类似。

» 边界线缆主要用来确定 LawnBott 产品的工作范围（除了前面介绍的 LB1200 Spyder 之外）。如前所述，LawnBott 智能草坪机必须在庭院中圈定的工作范围内工作。当然，用户也可以不设定工作范围，不过需要注意的是，草坪机工作时，在工作区不要放置其他物品（比如花盆），以免造成不必要的损坏。

» 当电力不足或完成工作时，LawnBott 会沿着边界线缆返回充电桩。必须再次强调一下，这一工作模式对于 LB1200 Spyder 不适用。

» 根据电池续航时间长短和产品型号的不同，草坪机的工作时间从 45 分钟到 1 小时不等（75DX 工作时间最短，300EL 时间最长）。

» 所有型号除了 LB1200 Spyder 之外都配备了雨水传感器，根据用户指令可以选择是否在雨天修剪草坪。

» LawnBott 草坪机可以通过用户家里的 Wi-Fi 网络上网更新升级软件。这个功能还是非常贴心的。

» LawnBott 产品可以使用一组 PIN 码锁定，用户设定了该选项后，如果没有该 PIN 码，机器将无法启动。

» 智能草坪机还可以安装一个可选的 GPS 模块，当用户的割草机被盗或者未经允许被拿走后，用户可以及时发现。

» LawnBott 的所有产品对于用户庭院中小于 25 度的斜坡也能轻松应付。

» 和同类厂商相比，LawnBott 对于产品安全性的要求高很多。当用户拿起草坪机或者被卡住时，该设备会自动关闭。

» 每种 EL 型号产品还支持 SMS，因此该产品可以给用户的手机发送短信。

» 所有型号还支持 Ambrogio 的 iOS 和 Android 远程应用 App，如图 12-6 所示。用户可以在智能设备上使用该应用 App 管理 LawnBott 草坪机，并且在该设备出现故障时，及时收到通知。

很明显，LawnBott 系列产品在智能打理草坪方面几乎可以满足大部分用户的需求了。前往 LawnBott，进一步了解 LawnBott 相关产品的详情，该网站还支持所有 LawnBott 产品型号一对一对比功能。

图12-6：
在iOS或
Android设
备上通过
Ambrogio远
程应用App管
理LawnBott智
能草坪机

图片由LawnBotts.com提供

## 12.2.4　世界各地的智能割草机简介

如果你生活在北美以外的地区，那么应该会很欣喜地发现，有更多智能草坪机品牌可供选择。接下来介绍 3 家规模更大、知名度更高的厂商。

### John Deere

我一辈子的生活轨迹都没有离开过美国东南部，在这一点上，John Deere 这家公司和我有相似之处。不管是拖拉机还是手推式割草机，从我记事起，John Deere 这个品牌就一直伴随着我的生活。不过不得不承认，当发现该公司在智能草坪机这样一个新领域也表现不俗时，着实有一点点吃惊。

John Deere 的 TANGO E5 草坪机（见图 12-7）是这家历史悠久的公司进军智能草坪机行业的首款产品，并且好评如潮。不过，你却没法在美国东南部或者美国其他地区买到该产品。

无法在美国境内买到某一款 John Deere 产品，这听上去似乎有些怪异。不过事实的确如此，而且这不是唯一一家奉行此政策的公司。现实的情况是：智能草坪机在欧洲或其他国家更受欢迎，而美国市场反而遭受冷遇。很多公司有足够的理由把产品行销世界的同时，将美国市场排除在外。

希望了解 TANGO E5 草坪机的详情，可以前往 John Deere 网站。

还有另外两大智能草坪机厂商没有进入美国市场，它们是 Honda 和 Bosch。

图12-7:
John Deere
的TANGO E5
草坪机畅销全
球，唯独美国
市场除外

图片由Deere有限公司提供

## Honda

Honda 的 Miimo 草坪机表现优异，该产品延续了 Honda 在机器人技术方面一贯的可靠性。Miimo 草坪机外型设计简洁大方，功能也非常实用。

也许你会认为 Honda 的产品既然在美国市场如此畅销，该公司也许会在美国城市周边的近郊销售上述草坪机，不过目前情况并非如此。

如果你目前刚好在欧洲国家生活的话，那么就要恭喜你了。你可以方便地购置一台 Honda 草坪机。

Miimo 草坪机（见图 12-8）的基本功能和其他智能草坪机厂商推出的产品类似。

» 该产品提供有效的安全防护特性，当被提起或卡住时，刀片会自动停止运作。

» 它工作时非常静音，因此用户可以在任意时段给它下达修剪草坪的指令，而不用担心打扰邻居。

» Miimo 智能草坪机能够自动充电，这意味着当它电力不足时，会自动返回充电桩充电。

» 下雨天也不必担心，它具有防水特性，即使下雨也能出色地完成工作任务。

Miimo 智能草坪机还包含如下功能特性。

它的刀片是由（Honda 的广告语）"高质量的延展和热处理过的钢材"制作而成。这意味着它的刀片即使碰到石头也不会出现缺口，而只是发生弯曲或者内翻。

图12-8：
Honda的
Miimo智能草坪机很适合与你的车库中的Honda汽车和摩托车摆放在一起

图片由Honda提供

该产品提供了以下几种工作模式供用户选择：随机、定向和混合。

希望了解该产品的详细信息，可以前往 Honda 官网。

## Bosch

Bosch 的 Indego 智能草坪机是另外一家以质量卓著、闻名遐迩的大型企业推出的产品。这台小巧的蓝绿色设备可以作为你（非美国市场）购置智能草坪机的备选设备，它包含大部分用户对智能草坪机期待的功能。

» Indego 智能草坪机可以自动充电，当电力不足时，会自动返回充电桩充电。

» 修剪斜坡式草坪也轻而易举（支持的最大坡度为 35 度）。

» 使用边界电缆可以圈定该设备的工作范围。

» 使用 PIN 码之后，小偷也束手无策。

» 偏转感应器可以让它在斜坡或者潮湿的草地上更平稳地工作。

Indego 智能草坪机（见图 12-9）还包括很多其他特性，包括标准的安全特性，如自动锁闭等。其中最具有特色的是 Bosch 自主研发的修剪技术：Logicut。可见，Bosch 遵循的设计理念是定向模式，在时间、精力和成本上要优于随机模式。Logicut 技术可以将 Indego 草坪机第一次修剪过的草坪转换为数字化地图，以此创建更高效的修剪方案，然后让 Indego 草坪机尽可能采用平行线作为运动轨迹修剪草坪。

图12-9：
Bosch的Indego
智能草坪机使
用平行线运动
轨迹比随机模
式效率更高

图片由德国Robert Bosch有限公司提供

希望了解 Indego 智能草坪机的详情可以前往该产品的官方网站，该网站为用户提供了大量与该产品相关的精彩内容供用户浏览。

需要特别注意的是，请务必记得 Indego 智能草坪机的 PIN 码，如果用户忘记该代码，多次输入错误代码之后，Indego 智能草坪机会自动关机。唯一的解决方案是将其放回充电桩，然后交给当地的 Bosch 授权专卖店处理。

# 12.3　智能化灌溉草坪

如果你家里没有草坪需要修剪，那么你对智能草坪机的偏好就无关紧要了。接下来的话题从草坪修剪转移到灌溉草坪，来聊一聊智能灌溉草坪的相关产品。虽然自动化灌溉系统早就问世了，不过直到最近，用户才可以通过智能手机管理智能灌溉系统。

## 12.3.1　Cyber Rain

Cyber Rain 这款产品可以把用户的草坪灌溉系统和互联网相连，这样用户只要能够上网，就可以随时随地管理灌溉系统了。Cyber Rain 的软件和信息服务都是基于云平台的，因此用户可以使用任意可以上网的设备，打开浏览器就能够管理草坪灌溉系统。同时 Cyber Rain 还能够让现有的灌溉系统成本更低，因为它可以根据当地的天气预报对灌溉系统进行智能调度。用户现有的灌溉系统的工作调度计划是固定的，即使你家的草坪刚刚经历过一阵倾盆大雨也一样如此。

下面是 Cyber Rain 工作原理的简要介绍。

（1）使用 Cyber Rain 的控制器替换用户现有灌溉系统的控制器。

（2）组装好 Cyber Rain 的控制器之后，将灌溉系统的水阀控制器和电源接通。

（3）将 Cyber Rain 网关和家庭网络相连。

这可以使得控制器与网关之间进行通信，在整个灌溉系统中实现信息共享。

用户可以像使用 Cyber Rain 网关一样选用多个控制器。

（4）在个人电脑或智能手机上用 Web 浏览器打开 Cyber Rain 官方网站，使用 Cyber Rain 账户登录即可。

（5）通过 Cyber Rain 的云服务，用户可以监控灌溉用水量、修改灌溉调度计划、启动人工灌溉周期等。

接下来就可以高枕无忧了，之后你会发现这是一种经济、环保的灌溉草坪的方案。

当发生故障时，Cyber Rain 会及时向用户发出预警。比如，喷淋水管漏水了，Cyber Rain 会监测到用水量比平常多出很多，之后会通知用户系统可能出现故障了，并关闭灌溉系统，直到警报解除。

支持通过互联网管理灌溉系统对用户来说的确很贴心。不过还支持用户使用应用 App 管理灌溉系统那就真可谓锦上添花了。不过，Cyber Rain 应用 App（见图 12-10）的功能和基于互联网的云管理软件还是稍显单薄了一些。事实上，从 iOS 和 Android 应用商店上的用户评价来看，该应用 App 本身并没有博得用户的青睐。它最大的不足是过于简单，功能并没有它的广告中宣称的那般强大。目前 Cyber Rain 的应用 App 最新版本是 1.6，希望它在后续的版本中能够改进一些，提高自己的口碑。

图12-10：
Cyber Rain 的
云应用App和
基于Web的软
件服务的用户
体验差距甚大

图片由Cyber Rain提供

建议读者去Cyber Rain官方网站转转，可以进一步了解该公司的灌溉系统产品。它不仅有民用的产品，还有面向企业的大型草坪灌溉系统产品供用户选择。

## 12.3.2 Rachio

Rachio的目标只有一个：在为用户省钱省水的前提下，多快好省地完成灌溉草坪的目的。它和Cyber Rain的工作原理差不多。

» 在执行灌溉草坪任务时，它可以实时获取当地的天气预报，然后自动规划出符合实际情况的灌溉模式。

» Rachio通过互联网和云服务实现灌溉系统和用户设备（智能手机、平板电脑和个人电脑）之间的通信。

» 它使用自己的名为Iro（见图12-11）的控制器替换用户现有的灌溉系统控制器。

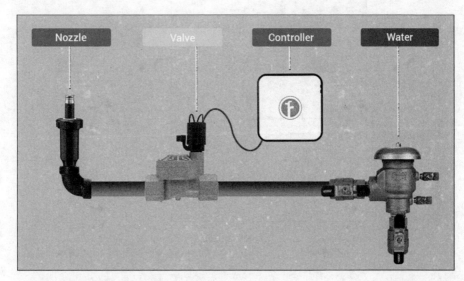

图12-11：
用户只要可以上网，就能随时随地通过Iro控制器管理草坪灌溉系统

图片由Rachio提供

乍一看，Rachio和Cyber Rain的产品设计理念几乎是一样的。不过，Rachio的产品有别于其他同类产品的特色。

» Rachio的Iro控制器不需要额外购买网关。它可以在用户智能手机的帮助下直接与用户家里的Wi-Fi网络相连。通过用户的智能手机给Iro控制器发送网络配置信息，就可以实现该控制器访问家里的Wi-Fi网络。

>> Cyber Rain 的应用 App 对于用户来说似乎有点画蛇添足之嫌，Rachio 也向用户提供了应用 App，可以在用户的 iOS 和 Android 设备上通过该应用 App 管理 Iro 控制器，如图 12-12 所示。当然，用户也可以通过 Web 浏览器，登录 Rachio 官方网站管理 Iro 控制器。不过该公司在推出该产品之初，是优先考虑手机用户的，因此使用它提供的应用 App 管理相关设备是首选。Rachio 的应用 App 界面简洁，导航清晰，功能也十分强大。

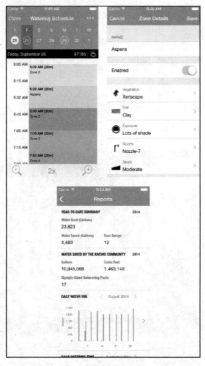

图12-12:
Rachio的应用
App界面美观,
功能强大, 非
常适合用户管
理Iro控制器

图片由Rachio提供

# 第 4 部分
# 打造符合用户需求的智能家居系统

**内容概要**

智能家居系统遥控设备简介

及时更新应用 App

智能家居统一管理平台简介

第13章

# 移动设备和个人电脑的使用

在签收完 UPS 快递员送来的智能家居产品包裹之后，你知道接下来几周的业余时间都要在拆箱验货、体验新产品中度过了。

随着时间的推移，你已经将购置的所有智能家居设备拆箱并安装妥当。接下来打算启动智能集线器，方便管理其他智能设备。

在安装调试上述设备的过程中，你发现需要在 iOS 或 Android 智能设备上下载和安装特定的应用 App 并注册一个与之相关的账号。

"谁会需要那些花里胡哨的东西呢？"你一边抱怨，一边拿出那部 2004 年产的摩托罗拉翻盖手机。你瞄了一眼手机屏幕上的菜单，开始抓狂起来，不得不向售卖手机的商家打电话求助。因为你发现无法找到提供下载程序的应用商店，只能拿着那部古董手机唉声叹气！

然后你在安装说明书上看到还可以通过厂家的官方网站注册智能集线器。你欣喜若狂地冲进卧室，坐在办公桌前面，打开一罐可乐，花 5 分钟时间启动自己心爱的 Commodore 64 电脑，经过漫长的等待之后，C64 终于启动运行了，但是你发现注册账户之旅简直荆棘密布：C64 不能上网，并且还没有安装 Web 浏览器！

抱歉，朋友，你已经和这个时代脱节太多了！貌似你需要升级换代家里的部分电子产品了。具体来说，就是需要购置一台当前流行的智能手机、平板电脑和个人电脑，它们不仅可以用来注册账户，而且还需要能够与新入手的智能家居设备搭配使用。

# 13.1　找到兼容智能家居系统的移动设备

选用合适的设备能够使你迈入智能家居系统应用大门更容易一些。本章的主要内容是向读者介绍兼容智能家居设备的智能设备和操作系统，以及如何保证相关的应用 App 能够及时更新。

## 13.1.1　智能手机

很多人在使用智能家居产品时发现，他们更喜欢使用智能手机管理这些设备。虽然目前大部分智能手机能够和智能家居设备无缝协作，但是还有部分手机没法与之兼容。接下来的内容会介绍一些流行的、兼容智能家居设备的智能手机和操作系统，以及它们各自的功能特性。

### iOS

Apple 的 iOS 是 2007 年伴随 iPhone 一起发布的智能手机操作系统，一经问世就风靡全球。

不得不承认 iOS 已经成为很多人日常生活密不可分的一部分。由于 iOS 和 iPhone 的出现，很多人使用手机完成下列任务逐渐变成新常态。

>> 上网冲浪。

>> 拍摄照片和视频。

>> 收发电子邮件。

>> 观看在线视频。

>> 购买音乐服务以及其他多媒体内容。

# 什么是智能手机?

智能手机就是比你我都聪明的手机,至少给人的感觉是这样。实际上,它们就是蜂窝式手机,可以通过触摸屏实现个人电脑的部分功能,并且可以通过通信服务商或者 Wi-Fi 上网冲浪。

>> 接入 Wi-Fi 网络。

>> 在日历上创建和共享工作计划。

>> 同步个人电脑上的内容。

>> 收听播客。

上述类似的实例还有很多,这里只是冰山一角。"没有 iPhone 也可以做这些事情!"有些人可能会如此反驳。众所周知,大家使用以前的非智能手机也可以完成上述大部分任务。不过使用 iPhone 和使用非智能手机的差别就好比使用信鸽之于使用电子邮件。用户体验简直就是天壤之别。

笔者花费大量的篇幅介绍 iOS 和 iPhone 的原因就在于,坦率地说,如果没有它们,本书也可能不会面世,智能家居技术也许还在漫漫长夜中期盼黎明。这一点也不夸张,很难想象没有 Steve Jobs 和他的公司不断推出 iPhone 系列产品的世界到底会怎样?虽然市面上也有不少很棒的 Android 产品,不过要是没有 Apple 这样一个强大的竞争对手的出现,它的发展不会像今天这样迅猛。

iPhone 是唯一通过官方授权采用 iOS 操作系统的智能手机。虽然这一举措会给 Apple 造成部分潜在用户的流失,不过该公司坚信自主研发的操作系统运行在自家的硬件上的效果要比其他厂家的硬件更好,事实证明也的确如此。大部分智能家居设备厂商都兼容 iOS 和 Android 智能设备,但是部分厂商仍然只支持 iOS。产生这种差异的主要原因是:

>> 在 iOS 系统玩游戏,手机续航时间更长。

>> iOS 系统比 Android 系统更稳定。

>> 由于硬件和软件都是 Apple 公司研制的,因此软件兼容性问题相对来说更少。

>> 很多智能家居系统开发商对 iOS 系统的依赖性很强,不愿意(部分人拒绝)迁移到 Android 平台。

如前所述，市面上主流的智能家居设备厂商支持的 iPhone 设备型号分别是：

>> iPhone 4；

>> iPhone 4s；

>> iPhone 5；

>> iPhone 5c；

>> iPhone 5s；

>> iPhone 6（见图 13-1 左边部分）；

>> iPhone 6 Plus（见图 13-1 右边部分）；

>> iPhone 6s；

>> iPhone 6s Plus；

>> iPhone 7；

>> iPhone 7 Plus。

图13-1：
Apple的
iPhone产品
线，iPhone 6
（左边）和
iPhone 6 Plus
（右边）

图片由Apple公司提供

上述所有型号的 iPhone 最少都支持 iOS 7, 该操作系统版本也是目前市面上主流智能家居设备厂商的应用 App 支持的操作系统的最低版本。大部分厂家开发的软件都不兼容任何低于 iOS 7 的智能设备。

iOS 目前最新的版本号是 10, 因此如果你打算从朋友那里购置一台二手的 iPhone 4, 那么请三思而后行。的确, iPhone 4 是支持 iOS 7 的, 不过它不支持 iOS 8, 而且过一两年之后, 应用 App 将只支持 iOS 较新版本。这也是技术发展的大趋势, 因此最好跟上潮流, 不要为了省钱而购买一台快过时的 iPhone, 从而让自己被时代无情地抛下。

希望进一步了解 iOS 系统和 iPhone 详细情况, 可以前往 Apple 官网。

## Android

在读完上一章节有关 iPhones 和 iOS 的内容之后, 读者一定会认为我非常讨厌 Google 的 Android 操作系统, 但我向你保证, 事实绝非如此。Android 是一款非常棒的移动操作系统, 特别是它最新推出的版本, 在 iOS 能够完成的工作, 它也可以胜任。当然, Android 系统的稳定性不如 iOS, 因为多家硬件厂商搭载该操作系统后不时地会对该系统进行局部修改和定制。不过 Android 作为一个平台还是非常棒的。

Android 和 iOS 的竞争让我想起了当年 Apple 公司的 Mac OS 和微软的 Windows 较量。也许你不曾听闻这些陈年往事, 不过你应该经常会看到人们不断地把 Android 和 iOS 放在一起全方位地进行比较和测评。

Android 可以任君差遣, 不过问题是, 它的表现能够和用户的预期吻合吗? 当然, 同样的问题也适用于 iOS 系统。因此答案并不是唯一的, 正所谓, 青菜萝卜各有所爱。

下面是一些需要注意的事项: 智能家居厂商支持的 Android 操作系统版本范围非常广泛。某些厂商, 比如 SmartThings, 声称用户需要安装的应用 App 版本和用户智能设备上使用的操作系统版本会因设备不同而不同, 如图 13-2 所示。

为什么呢? 这主要是因为智能手机厂商在他们推出的手机上搭载的 Android 操作系统是根据原生 Android 操作系统深度定制而来的。有时, 定制过程中的细微改动都会降低该操作系统的稳定性。某些情况下, 也许一款应用 App 可以在甲手机上运行良好, 但是安装在乙手机上就错误百出了, 即使该应用的软件版本号和手机操作系统核心版本号都是一样的也会出问题。Android 是一款开源软件, 这意味着任何人都可以使用和修改它来满足自己的需要。因此各大厂商可以使用 Google 提供核心 Android 程序，然后根据需要对它进行深度定制。当然，智能手机厂商为了让用户购买比竞争对手更多的产品，也竭力保证对大部分应用 App 提供兼容性支持，但是为了以防万一，用户了解这方面的知识还是很有必要的。如果你的智能家居应用 App 在不同 Android 手机上无法保证功能的一致性，那么也不要想当然地认为是应用 App 开发人员造成的。

图 13-2：
用户在智能
手机上安装
Android 应用
App 时，需要
检查手机型号
和应用 App 版
本号是否匹配

大部分智能家居厂商都提供了对 Android 系统的支持，因此如果你已经拥有了一部 Android 智能手机的话，那么就可以放心地选购（或者已经购买）这些产品了。如果你不太确定，那么最好在自己头脑发热购置了一批无法使用的产品前确认一下。

对于 Android 平台，目前（撰写本书时）主流的智能手机包括如下几种：

» Samsung Galaxy S5（见图 13-3）；

» Sony Xperia Z3；

» Sony Xperia Z3 迷你版；

» LG G3；

» Samsung Galaxy Note 4；

» OnePlus One；

» HTC One M8（见图 13-4）。

希望进一步了解 Android OS 的详情，可以前往 Android 官网。

## Windows Phone
认为微软在操作系统领域甘为人后的想法也许很奇怪，不过对于智能手机操作系统来说，它的确和 Apple、Google 这两家公司存在不小的差距。但这并不意味着 Windows Phone 操作系统不好，只是因为微软涉足这一领域有些迟缓。（译者注：目前微软已经大规模裁撤了手机研发部门，估计翻不起什么大浪了。）

图13-3:
三星的盖乐世
S5是一款广受
赞誉的Android
智能手机

图片由三星电子提供

很多智能家居厂商并没有为 Windows Phone 用户提供设备兼容性支持。如果你是一名 Windows Phone 用户，那么也不必灰心。有些厂商，比如 SmartThings 和 Alarm.com 为了响应用户诉求，已经有所动作，与此同时其他厂商仍然处于观望状态，比如 Belk 和 Wink。建议用户最好直接电话联系厂家客服索要支持 Windows Phone 的应用 App 程序，因为可用性是一个非常关键的因素，恐怕这会限制你在智能家居系统和设备上的选择。

另外一个需要注意的问题是，这些智能家居厂商倾向于支持最新版的 Windows Phone，目前该版本号是 8.1，部分厂家支持 8。

找到支持 7 的那就要靠运气了。我的本意并不是要打击你的积极性，只是希望你了解 Windows Phone 和智能家居市场的最新动向。

如果你没法找到一款可以和家里的智能家居系统兼容的 Windows Phone 应用 App，那么可以退而求其次。大部分智能家居系统厂商都为用户提供了专用的网站来管理智能设备，用户登录该网站之后就可以对这些设备进行管理了。你的 Windows Phone 手机肯定有 Web 浏览器，不是吗？那么就直接登录相关的网站即可。

图13-4：
HTC的M8被
誉为2014年最
畅销的Android
智能手机之一

现在，来看看手机市场的相关信息。目前市面上有一定数量的 Windows Phone 手机可供用户选择，不过经过简单的搜索之后，你会发现这类手机最大的制造商之一是 Nokia。在微软官方网站上浏览一长串 Windows Phone 手机列表之后，你会发现其中大部分手机型号都是 Nokia 的手机（见图 13-5，Nokia 颇具运动风格的手机型号之一）。我并不是在说笑！当你在查看最畅销的 Windows Phone 手机时，大部分都是 Nokia 旗下的机型时也许会感觉有些忍俊不禁（有时候，你会发现一条产品评论下面，推荐产品全部都是 Nokia 型号的手机）。

不过也无须担心，如果 Nokia 的手机不合你的口味，那么市面上还有 HTC 和三星的手机可供用户选择。

如果希望购置一台 Windows Phone 手机，那么可以前往微软官网一探究竟。

图13-5:
Nokia 635智能
手机是Windows
Phone手机市
场上的畅销机
型之一

图片由微软移动提供

## 13.1.2 平板电脑

如前所述，大部分人外出时更喜欢使用智能手机来管理家里的智能家居系统。不过在家时，情况可能就另当别论了：平板电脑应该是首选。

平板电脑除了通话功能（大部分情况下）之外，其他功能完胜智能手机。不过因为它的尺寸适宜、功能强大，可以说是台式电脑的完美替代品。平板电脑小巧轻薄、坚固耐用并且通过触摸屏操作，因此用户工作和娱乐等活动又多了一种轻便的选择。

很多智能家居设备厂家在他们的产品中采用触摸屏来实现人机交互由来已久。不过这些触摸屏都是厂家为了完成特定的任务而深度定制的：它们只能完成特定任务，通用性欠佳。而且很多触摸屏必须安装在墙壁上，用户不能轻易地移动它们，或者将它们拿到户外。

目前的平板电脑比以往产品为用户提供了更高的便携性，而且用户可以订阅自己喜欢的内容。通过以下几家平板电脑厂商的介绍，用户会对他们在智能家居市场的努力和未来趋势有一个全面的了解。

### iOS
很高兴，再次谈到 Apple！

没错，这家位于 Cupertino 的水果公司在智能家居行业的平板电脑设备也布局已久，基于同样的原因，它在和 Android 的智能手机的竞争中保持了微弱的领先优势。

Apple 的平板电脑设备搭载的操作系统和其智能手机产品一样都是 iOS。目前主流的产品采用的软件版本号也是 8。

Apple 目前最畅销的 iPad 包括两种型号，它们分别是 iPad Air（见图 13-6 左图）和 iPad mini（见图 13-6 右图）。

图13-6：
Apple的iPad
Air（左边）
和iPad mini
（右边）是全
球最畅销的平
板电脑

图片由Apple公司提供

iPad Air 和 iPad mini 都提供了多种配置供用户选择（每种机型都有 WLAN 版和 WLAN+ Cellular 版）：

» iPad Air 2

- 最大容量 128 GB。

- 9.7 英寸显示屏。

» iPad Air

- 最大容量 32 GB。

- 9.7 英寸显示屏。

» iPad mini 3

- 最大容量 128 GB。

- 7.9 英寸显示屏。

» iPad mini 2

- 最大容量 32 GB。

- 7.9 英寸显示屏。

» iPad mini

- 最大容量 16 GB。

- 7.9 英寸显示屏。

希望了解 iPad 产品的详细信息，可以前往 Apple 官网。

## Android

Android 的应用 App 程序可以像在智能手机上那样运行在相应的平板电脑上，因此用户也可以通过平板电脑方便地管理智能家居设备。

Apple 公司目前总共推出了多种型号的 iPad 产品，不过市面上 Android 平板电脑型号之多就如恒河之沙，一定会让你眼花缭乱的。这是一件好事，因为这说明 Android 平板电脑市场覆盖的用户非常广泛。

此外，唯一需要提醒用户注意的是平板电脑设备目前搭载的 Android 操作系统的版本。一般来说，最新的智能家居设备，对于较新的版本兼容性更好。

下面是部分市面上比较畅销的 Android 平板电脑产品：

» **Nvidia Shield Tablet**。不要被它的"游戏"标签迷惑了，它的平板电脑产品在智能家居行业的表现和电子竞技一样好。

» **Samsung Galaxy Tab S**。

>> **LG G Pad**。

>> **Sony Xperia Z3 Tablet Compact**，该产品是防水的。

>> **Google/HTC Nexus 9**，该产品如图 13-7 所示。

图13-7：
Google和HTC
合作研发的
Nexus 9

图片由Google提供

在购买 Android 平板电脑之前请务必做足功课，因为这些产品的品质参差不齐。用户大可放心购买上述列表中的产品，不过也可以根据喜好选择其他品牌的产品。

对于大部分商品来说，"一分钱一分货"这句老话绝对适用。对于 Android 平板电脑来说也绝对如此。

### 13.1.3　个人电脑

如前所述，本书已经介绍过使用智能手机管理智能家居设备。不过，通过能够上网的个人电脑也一样可以达到上述目的。

虽然大部分指南家居厂商（极个别厂商例外）并没有专门为个人电脑的操作系统开发原生的应用程序。他们只提供专门的 Web 页面供用户使用。比如用户可以通过 Web 浏览器访问 Alarm.com 的家居安防系统和 Netatmo 的气象设备管理系统。

毋庸讳言，如果你家里（或办公室里）购置了目前和主流配置差不多的个人电脑，并且可以上网，那么你就可以管理家里的智能家居设备了，至少能够控制这些设备的启动和关闭。

如果你的 Web 浏览器不能正常工作了，可以尝试下载并安装其他 Web 浏览器。

## Mac 和 OS X

Apple 的 Mac 系列电脑搭载的操作系统是 OS X，在该系统下，用户可以很方便地通过 Web 浏览器访问智能家居设备厂商提供的专用设备管理页面。

OS X 自带的浏览器是 Safari，不过用户还可以根据喜好选择其他厂家的浏览器，比如你可以在 OS X 的应用商店里面搜索到以下几种浏览器程序。

>> Google Chrome。

>> Mozilla Firefox。

>> Opera。

如果上述产品不合你的口味，那么还可以继续搜索，还有很多可以运行在 Mac 上的 Web 浏览器供用户选择。

运行在 Mac 上的用于管理智能家居设备的原生应用 App 寥寥无几。不过重点是，用户只需上网就能完成大部分智能家居设备的管理工作（当然，智能家居设备厂商必须提供相关的管理服务才行）。

在我的记忆中，印象比较深的产品是 Indigo Domotics。该公司的产品主要是面向智能家居产品资深用户的。它的产品只支持 Mac，不过非常流行。如果读者希望深入了解智能家居行业中支持多种智能家居协议的软件的话，那么强烈建议你去该公司的官方网站上仔细了解一下 Indigo Domotics 的具体应用。

接下来的问题是，你需要哪款 Mac 呢？Apple 为用户提供了不少台式机和笔记本机型供用户选择。

>> **MacBook Air**（超薄笔记本电脑）。

>> **MacBook Pro**（全功能的笔记本电脑）。

>> **iMac**（标志性的一体机）。

>> **iMac with Retina 5K display**（iMac，采用了超大显示器，如图 13-8 所示）。

>> **Mac Pro**（采用了为设计人员而单独定制的专业显卡，不一定适合一般的家庭用户）。

>> **Mac mini**（只有一个机箱，用户必须另外购买键盘、鼠标和显示器）。

图13-8：
iMac采用的是
Retina 5K 视
网膜屏幕，显
示效果精准、
明亮、清晰、
柔和且不伤眼

图片由Apple公司提供

希望了解该产品的更多信息，可以前往本地的 Apple 专卖店，或者导航到
Apple 的在线商城。

### 个人电脑和Windows

任何搭载了 Windows 7 及以上版本的个人电脑都可以使用 Web 浏览器管理智
能家居设备。我甚至可以说，即使用户使用的是 Windows XP 系统，也无须担
心兼容性问题。

和 OS X 相比，Windows 对于浏览器的支持范围更广泛。众所周知，Internet
Explorer 是 Windows 中的默认浏览器，不过用户还可以根据喜好选择其他厂家
研发的 Web 浏览器，比如：

>> Google Chrome；

>> Mozilla Firefox；

>> Apple Safari；

>> Opera。

相对于智能家居系统软件的一体化程度而言，Windows 用户的选择也非常少，不过和 Mac 类似，很少有需要用户必须使用个人电脑（相对于云服务）作为中央控制设备才能完成的任务。如果用户执意要这么做，那么有如下几款产品可供选择。

>> Home Control Assistant，如图 13-9 所示。

>> HomeSeer。

>> HouseBot。

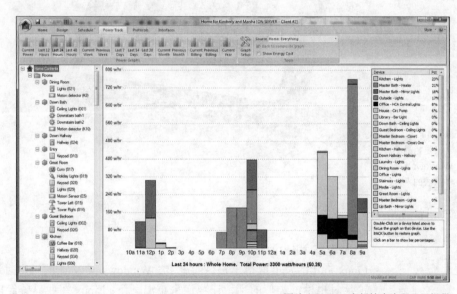

图13-9：
智能家居管理
助手能够让用
户切实了解每
个房间的能源
消耗

图片由Quonset高新技术有限公司提供

## Windows平板电脑

"为什么本节不与介绍 iOS 和 Android 平板电脑的章节放在一起呢？"很多人曾经这么问过我。

原因很简单，Windows 平板电脑电脑是真正的平板电脑，但是你也许会误以为这些平板电脑和 iOS 或者 Android 平板电脑产品差不多。但是实际上，Windows 平板电脑搭载的 Windows 8 是成熟版本的 Windows 8 操作系统。而不是独立的移动版 Windows 操作系统。它们是完完全全的 Windows 电脑、泛操作系统电脑，因此把它放在介绍个人电脑的章节讨论。

我不会重复前面介绍个人电脑和 Windows 相关章节的内容。不过，如果你希望入手一台没有键盘的便携式 Windows 平板电脑设备来管理自家的智能家居设备，那么 Lenovo ThinkPad 2 应该是一个不错的选择，该设备如图 13-10 所示。用户可以像在 Windows 个人电脑上那样操作该平板电脑设备。

图13-10：
Lenovo的
ThinkPad 2
是搭载了
Windows 8操
作系统的平板
电脑

图片由Lenovo提供

## 个人电脑和Linux

Linux 近年的发展取得了长足的进步。Windows 或 Mac 的用户对这些产品评头论足时也说过类似的话。让我们来重温一下：Linux 在业界曾经以界面丑陋著称，不过现在已经大有改观。Linux 是那些追求价廉物美个人电脑产品的用户非常具有吸引力的解决方案。Linux 本身是免费的，而且它兼容 Intel 或 AMD 的处理器。现在的个人计算机功能已经非常强大，用户可以使用它收发电子邮件、编辑图片、网上冲浪、听歌，观看在线视频等，交互界面也变得越来越友好。Linux 的发行版产品，如 Ubuntu（见图 13-11），它的安装和使用已经比以往的 Linux 好了无数倍。

当谈到 Linux 下的智能家居系统软件时，有不少优质的软件可供用户选择，不过这些软件并不是为那些 Linux 新手准备的。类似 Minerva 和 Pytomation 这类软件，只有 Linux 和智能家居系统资深用户才能够驾驭。

图13-11：
Ubuntu是目前市面上最受欢迎、界面友好的Linux发行版操作系统程序

图片由Canonical有限公司提供

需要注意的是，大部分智能家居厂商都支持用户上网登录相应的 Web 页面管理智能家居系统，因此，如果你使用的是 Linux 操作系统，那么你也可以通过 Web 浏览器管理自家的智能家居设备。不过，如果智能家居厂商使用了类似 Adobe 的 Flash 或 Microsoft 的 Silverlight 技术，那么也许你还需要下载和安装相应的浏览器插件。

## Chromebooks

目前市场上新近推出的个人电脑产品是 Chromebooks，这款轻薄便携、价格亲民的电脑搭载的操作系统是 Google 的 Chrome OS。Chrome OS 人机交互友好，用户体验和使用浏览器几乎一样。不过它的目标用户并不是商业或者公司工程制图人员，而是满足普通群众的日常所需。在 Chrome OS 上，用户可以访问 Google 的所有基本服务，比如文档、电子邮件、日历，以及 Chrome 的 Web 应用商店上成百上千的各色服务。

Chromebooks 上网本，比如 Toshiba（东芝）的 Chromebook 2（见图 13-12），非常适合那些不喜欢 OS X 或 Windows 产品、希望拥有一台能够满足日常所需的笔记本用户。

对于智能家居用户来说，可以尝试通过访问智能家居厂商提供的专用网站管理相关的智能家居设备。你无法在 Chromebook 上网本上安装软件：因为其设计理念是"所见即所得"。

如果某些智能家居厂商采用了 Java 或 Microsoft 的 Silverlight 技术来增强其网站功能，那么很不幸，Chrome OS 并不支持 Java 或 Silverlight，不过它的 Chrome 浏览器原生支持 Adobe 的 Flash 技术。

图13-12：Toshiba推出的轻薄便携Chromebook 2上网本是普通用户的最佳选择之一

图片由Toshiba信息技术公司（美国）提供

# 13.2　及时更新应用App

及时更新应用 App 程序是一个非常好的习惯。我这么说也许会招致部分读者的非议，不过我仍然坚信这一点。不过请不要误会：虽然我有不少更新软件的不愉快经历（很多时候在更新过程中会莫名其妙地中断），不过大部分情况下还是不错的。

我发现在实际应用过程中，及时更新 iOS 和 Android 应用 App 是非常正确的决定，因为这些更新软件包修复的问题远多于新的功能特性。也许你对于将软件从一个版本更新到下一个版本持审慎态度（比如从版本 2 迁移到版本 3），不过对于在一个主版本下的小幅度更新还是可以接受的（比如从版本 3.1 迁移到版本 3.2）。

本节的内容主要是向读者介绍如何更新应用 App 程序，安装这些程序的设备有可能是用户在访问和管理智能家居设备时需要用到的。

# 13.2.1　iOS

iOS 是通过应用商店对用户的 iPhone 或 iPad 上的应用 App 进行程序更新的。应用商店可以根据用户的 Apple ID 记录用户手机中已经下载或安装的应用 App 程序。当你手机中安装的应用 App 开发厂商发布了更新程序时，应用商店会通过以下两种方式通知用户：

## 关于自动更新

iOS 和 Android 系统都允许用户为程序配置自动更新计划。不过我个人并没有启用这个功能。为什么呢？原因很简单，我喜欢掌控全局的感觉。即使大家叫我"控制狂人"，我也不以为意。虽然我的手机上装了不少应用 App，不过它们并不需要频繁更新，因此也不会打消我手动更新这些应用 App 的念头。不过如果你的手机上安装的应用 App 更新频率很高，那么启用系统的自动更新功能也许会让你省心不少。当然，如果你的手机或平板电脑使用的流量套餐不是包月的，那么把手机设置为在连接 Wi-Fi 的情况下再启用自动更新程序是个不错的主意，这样一来就不会浪费有限的流量了。为了在 iOS 上启用或者关闭自动更新功能，可以打开"iTunes"和"App Store"，然后切换到"更新"开关，启用或禁用该功能即可。对于 Android 设备，用户可以打开 Google 的应用商店程序，然后打开菜单中的设置选项，在相应的配置项目中启动或者关闭自动更新功能即可。顺便说一下，它的菜单按钮图标看起来像 3 条堆叠起来的平行线。

>> 当用户不在应用商店页面时，手机中的应用商店图标的右上角会显示一个红色标记来提醒用户。

>> 当用户目前在应用商店页面选购应用 App 时，它会在页面底部的更新选项卡中显示一个红色的标记提醒用户更新程序，如图 13-13 所示。

用户可以通过两种方式更新应用 App 程序：

>> 单独更新一款应用 App 时，单击应用 App 列表相应的 App 名称右边的"Update"按钮即可。

>> 希望更新所有可用的应用 App 时，单击页面右上角的"Update All"按钮即可。

图13-13:
iOS会把用户
iPhone或iPad
上已安装的应
用App的更新
程序都列出来

## 13.2.2　Android

Android 设备上的应用 App 更新方法也非常简单。

（1）打开 Google 的应用商店 App。

（2）单击菜单按钮（看起来像 3 个叠放的平行线）。

（3）单击"我的应用 App"。

（4）在我的应用 App 列表中滚动查看应用列表。

有可用更新的应用 App 会被特意标记出来。

（5）单击用户希望更新的应用 App 图标，更新该应用 App 即可。

## 13.2.3　OS X

如果你的智能家居系统软件是运行在 Mac 系统上的，当你使用浏览器时，打开页面需要花费很长时间而且都没法正常显示内容，那么你也许应该考虑升级一下系统了。

（1）打开应用商店（没错，OS X 和 iOS 上情况类似）。

（2）单击窗体顶部右上角的"Updates"按钮，如图 13-14 所示。

应用商店会自动检查用户安装过的应用 App 是否存在更新程序，如果有相关的更新，会为用户显示相关的更新列表。

图13-14：
OS X的应用
商店可以为用
户检测和显示
已安装软件的
更新程序

（3）可以单击"Update All"按钮为所有包含可用更新的程序进行更新，也可以单击单个应用 App 旁边的"Update"按钮，更新单个应用。

WARNING

某些软件在更新过程中可能需要用户重启电脑。如果用户正好有比较重要的工作不适合马上重启电脑，那么可以推迟重启电脑的时间。

OS X 允许用户自定义电脑软件更新计划。在 Apple 的屏幕左上角菜单中找到系统配置项，然后单击"应用商店"按钮。进一步了解该选项的详细介绍，然后用户可以根据喜好设定软件更新计划。

## 13.2.4　Windows

Windows 8 对于以前的 Windows 用户来说变化非常大，因此在该系统下更新软件时可能不会像在以往的系统上那么顺畅。下面是在 Windows 8 系统上执行软件更新的步骤。

（1）用户可以在屏幕的右上角查看可用的更新，用户已经安装的应用程序如果有可用更新，那么在程序列表中，程序名后面的括号会提示用户有可用更新，单击"更新"按钮。

（2）在列表中单击用户希望更新的程序名称（如果用户使用的是触摸屏，用手指轻点该项目即可）。用户还可以单击左下角的"选中全部"按钮为所有包含更新程序的应用程序执行更新操作。

（3）单击底部的"安装"按钮，为选中的应用程序执行更新操作。在更新过程中，安装页面会为用户显示每个应用程序的更新进度。

（4）当上述过程执行完毕之后，退出应用商店即可。

大功告成！

# 第14章

# 智能家居统一管理平台

人人为我，我为人人。

——大仲马

你已经在实现自己的智能家居梦方面做足了功课，也许已经购置了不少智能家居设备。

不过生活并不是一帆风顺的，不是吗？

想想看吧：你已经购置了一台又一台的智能家居设备，其中很多设备来自不同的厂商，而且管理这些设备的方式也各不相同。安装了一大堆应用 App，其中有专门控制照明系统的；有专门用来控制炉灶的；有专门控制门禁系统的；有专门控制安防系统的；还有专门控制恒温器，等等。没人知道何时才能不需要安装相关的应用 App。我想你应该理解我要表达的意思：在多个应用 App 之间来回切换已经让人疲于应付了。

那有没有什么好办法避免这种情况呢？身着金色铠甲的骑士什么时候来拯救我们这些身陷智能家居应用 App 迷途的羔羊呢？本章的目的就是向用户介绍一些强力的解决方案，让用户从众多应用 App 困扰中解脱出来。

你会了解到若干顶级智能家居厂商在解决设备统一管理方面做的诸多努力，以及在实际应用中该如何选择合适的解决方案。

# 14.1　统一管理平台简介

"Unity" 这个词包含以下几个意思：

>> 团结一致；联合；统一。

>> 完整；完美；和谐；协调。

>> 统一性；一致性。

>> 统一体；联合体；整体。

至于本书为何要使用一章的篇幅介绍统一管理智能家居设备，我想如果你是前文提及的已经使用过若干智能家居产品的资深用户，那么对此应该深有体会。如果不具备对智能家居环境的聚合控制能力，那么从技术上来说，它的复杂度偏高，就会变成一团乱麻，难于管理。

## 14.1.1　识别智能家居环境的"复杂度"

本章的重点是围绕当前高速增长的"自助式智能"家居市场展开的，用户可以通过智能手机、平板电脑和个人电脑管理这些智能家居产品。类似 Crestron 和 Savant 这样为用户提供高级的个性化整体智能家居解决方案的厂商，还为客户提供了一站式的智能家居设备管理系统。自助式智能家居产品目前还是新生事物，因此还没有为用户提供统一管理智能家居设备的中央控制产品出现。我们会发现使用统一智能家居设备的确是很有必要的：

>> 某一家公司也许更希望用户只使用他们的产品。

>> 某一厂商也许只能满足用户在智能家居方面的部分需求（比如他们的应用 App 可以帮助用户管理照明系统，却无法管理门禁系统）。

>> 智能家居产品采用的通信协议各不相同。

目前已经颁布了不少智能家居通信协议标准，不过这些标准之间的兼容性并不是很好。如果你购买了一台使用 ZigBee 协议的设备，除非你采用了本章前面提到的解决方案，那么别指望它能够和家里其他的诸如采用 Z-Wave、INSTEON、X10 等协议的设备协同工作。

## 14.1.2　统一平台管理的解决方案

让智能家居巨头们统一起来并不是大家坐下来、喝喝茶、聊聊天那么简单。说句实在话：商家口口声声说是全心全意为人民服务，但他本质上是为了赚钱。在完成统一之前，必然不断地有厂商加入到统一联盟中来，不是吗？也许这条路走得通，不过也存在很多不确定性。新成立的智能家居厂商在发展过程中也可能由于各自的利益而组成别的同盟。

那么这种联盟如何才能完成统一呢？我想答案并不是非常明确。不过大家能够正视问题并尝试解决它，总好过什么都不做。

下面是两种组成统一联盟的比较可行的解决方案。

> » 厂家在研发和设计自己的产品时为它们开发独立的管理平台。该平台当然也会兼容大部分友商的平台产品，不过这也许和以用户为中心的理念有些背道而驰。
> » 在一款控制设备或集线器中集成大部分主流的通信协议（包括必要的软件和硬件）。该集线器设备可以识别出智能家居产品使用的协议类型，并且可以通过特定的"桥接"软件管理它们。桥接软件在集线器和智能设备之间扮演了翻译官的角色。

# 14.2　独立平台解决方案

对于建立智能家居统一联盟，很多人也许只是嘴上说说，但是部分商家已经行动起来了。接下来要为读者介绍一些为用户提供独立的统一管理平台解决方案的厂家。

## 14.2.1　Apple的HomeKit

这次我们的老朋友 Apple 又要登场了。没错，接下来要介绍的就是生产了Mac 和 iPad 的那家公司。如果读者对于我从一家表面上和智能家居市场没什么关系的公司开始感到困惑，特别是在讨论管理智能家居产品的设备时，我表示完全能够理解。的确，Apple 公司的业务范围远远超过了智能家居（如第 10 章所述），而且 Steve Jobs 在位时的后期，也从未表现出对智能家居有过特别的关注。

不过这家位于 Cupertino 的公司最近推出了一款名为 HomeKit 的产品，它将会是很多智能家居用户的好伙伴，特别是那些使用 iPhone 或 iPad 管理自家的智能家居设备的用户（诚实一点说，大部分人可能都是如此）。关于 HomeKit，Apple 公司为该产品集成了大部分智能家居厂商使用的通信协议。当消费者购买了支持 HomeKit 的智能家居设备后，他们可以在适配 iOS 8 的 HomeKit 应用 App 上管理上述所有设备。不过，稍后的内容你会发现 HomeKit 功能非常强大，并不只是能够控制上述智能设备的启动和关闭。

## HomeKit入门

图片由Apple公司提供

在介绍 HomeKit 如何统一管理用户的智能家居之前，我们需要先介绍一下需要准备些什么。

» 一部 iPhone 或者 iPad。

» 确保上述 iPhone 或者 iPad 中安装了 iOS 8。

» HomeKit 应用 App。

» 一部支持 HomeKit 的设备。

上述列表中的前 3 项都是由 Apple 公司提供的，不过第四项指的是什么物品呢？ Apple 公司发布了一张初步支持 HomeKit 的合作伙伴名录，而且我非常荣幸能为你提供这份名单。表 14-1 列出了 Apple 公司在智能家居市场上的合作伙伴名单，以及支持的相关智能设备（不过请注意，这份名单中并没有完全列出相关公司兼容的所有产品）。

### HomeKit的应用场景

没错，用户可以对 HomeKit 说"开灯"和"关灯"来控制家里照明系统，不过它能够做的不限于这些琐事。HomeKit 可以通过"场景"定制，将用户从以往不得不手动控制开关（或者其他设备）中解放出来。

表14-1　　　　Apple公司HomeKit的合作伙伴

| 合作伙伴 | 主要产品 |
| --- | --- |
| August | 门禁产品 |
| Broadcom | 微控制器 |
| Chamberlain | 车库门禁 |
| Cree | 照明系统 |
| Haier | 家电、空调 |
| Honeywell | 恒温器 |
| iDevices | 智能蓝牙连接设备 |
| iHome | 音响产品 |
| Kwikset | 门禁产品 |
| Marvell | 无线微控制器 |
| Netatmo | 气象仪和恒温器 |
| Osram Sylvania | 照明系统 |
| Philips | 照明系统 |
| Schlage | 门禁产品 |
| Skybell | 智能门铃 |
| Texas Instruments | 无线微控制器 |
| Withings | 健康智能设备 |

HomeKit 中的"场景"实际上是一组命令的集合，其中的命令可以包含对一台或者多台设备下达的指令，这样一来用户只需下达一条指令就可以批量执行一系列指令。比如，如果你打算在家举行晚宴派对，那么可以定制一个场景让智能设备执行下列任务。

》　前门和后门走廊的灯光全部打开。

》　大厅的灯光强度为平时的 75%。

》　恒温器的温度设定为舒适的华氏 72 度。

》　家里的灯光色调设定为中高。

» 打开播放器和扬声器，然后配置好特定的播放源和音量。

» 客厅的灯光强度为 50%。

» 启动阳台的吊扇。

一旦用户在 HomeKit 中配置好上述设置，你可以将之命名为"晚宴"。当宾客陆续到达时，你可以给 Siri（Apple 的 iOS 上的语音识别助手程序）发送指令，启用"晚宴"场景配置。上述列表中的任务几乎可以同时被执行，马上为宾客提供欢乐祥和的晚宴氛围，让人们在将来回忆往事时对此津津乐道。这些配置都是固定的，当然用户也可以根据自己的需要对它们进行微调。如果经常在家举行晚宴，在 HomeKit 的帮助下，用户会觉得在家开个小晚会简直易如反掌。

当然，用户在深入了解 HomeKit 之后，还可以创建更多场景来满足实际需要。

» **夜间模式**：锁定家里的所有门窗，设置警报，关闭大部分照明设施，将洗手间的灯光调暗，打开婴儿房的监视器，以及其他睡眠时需要用到的设备。

» **晨间模式**：启动煮咖啡程序，将灯光亮度逐渐增强，与日光同步。启动唤醒孩子的警铃设备（不过希望你不会强行这么做），把孩子叫醒，等等。

» **外出模式**：在白天或者夜晚的某个时段打开厨房和车库的部分照明设备若干次，设置警铃和门禁，启用运动传感器和电子围栏（你可能永远无法想象某些人会使用哪些安防设备），等等。

» **约会之夜模式**：伴随着 Barry White 的管弦乐、朦胧的灯光、壁炉里温暖的火苗，发挥你的想象力，营造一个浪漫的夜晚。

» **减压模式**：让家里的灯光像鬼屋一样明明灭灭，音响播放着让人心惊胆战的音乐（或者为你的孩子在家里用糖果堆一条万圣节式的糖果小道，大家一起来一场抢糖大战），将恒温器设定为华氏 40 度，启用烟雾探测器等。这样的配置组合能够确保最狂热的并且让人厌烦的访客也会感觉很不舒服，他们待不了多久就会逃之夭夭。

用户可以编制的场景的数量只受限于两个因素：用户的想象力和现有的智能家居设备数量。

Apple 公司将来还会在 HomeKit 中添加更多实用的功能。用户只需前往该公司的官方网站更新软件即可。不过，如果你希望了解该产品的更多信息，特别对于那些技术极客来说，可以前往 HomeKit 的开发者网站了解详情。

## 14.2.2 Wink与Home Depot

Home Depot 进军智能家居市场只是时间问题，它与 Wink 的合作加速了这一进程。Wink 负责管理用户所有的智能家居设备，Home Depot 负责为所有商家销售兼容 Wink 的产品，二者的合作可谓亲密无间。

### Wink的工作原理简介

Wink 推出了一套 API（应用程序编程接口），智能家居厂商可以将这些接口集成到自己的产品中。该 API 集成到产品中之后，用户就可以通过用户的 iOS 或者 Android 智能手机上的 Wink 应用 App 管理这些设备了。用户只要可以上网，就能随时随地管理家里的智能设备。

## Apple 公司会再一次改变世界吗？

Apple 公司看上去是一家希望把智能家居设备和用户紧密连接起来的公司，它的品牌、资源、天赋和商业洞察力使它能够做好这些事情。虽然 Apple 的很多电子产品已经深深地融入了大众的日常生活，唯一的原因就是该公司希望这一领域能够成为它的下一个利润增长点。当然，时间会告诉我们哪些公司才是智能家居行业的领导者。不过基于以往其他市场的经验来看，Apple 公司的表现不容小觑。

Wink 的基本使用方法如下。

（1）前往本地的 Home Depot 专卖店或者登录 Honte Depot 官网。

（2）在专卖店货架上或者网站上搜索支持 Wink 的应用 App 或者外包装上带 Wink 集线器商标的产品（见图 14-1）。有白色的商标表示该 Wink 集线器产品支持用户使用 Wink 应用 App 管理该设备，并且能够和其他 Wink 设备兼容。

图14-1：
兼容Wink的产品外包装上都有图中的商品标志

图片由Wink提供

（3）在你的 iPhone 或者 Android 智能手机上下载和安装 Wink 应用 App。启动它之后注册一个 Wink 账户（目前还不支持 iPad 和 Android 平板电脑，不过在不久的将来应该会提供支持。可以前往 Wink 网站查看最新的资讯）。

（4）如果用户已经购置了 Wink 集线器产品，可以按照 Wink 应用 App 的安装向导进行安装配置（在安装调试集线器之前先安装 Wink 应用 App）。用户可以上网了解更多信息。安装好 Wink 集线器之后，它会自动访问 Wink 的云服务（Wink 会通过云服务将用户的账户和相关的硬件设备绑定）。

一旦 Wink 应用 App 和集线器通过云服务绑定之后，如果用户无法上网，那么就不能通过 Wink 应用 App 管理相关的智能设备了。不过这并不意味着用户家里的 Wink 相关设备不能使用了，只是用户在能够上网之前，只能通过以前那种麻烦笨拙的方式管理这些设备而已。

（5）安装和调试用户从 Home Depot 那里购置的兼容 Wink 的产品。

（6）按照 Wink 应用 App 里的简易操作指南将上述产品加入 Wink 产品的管理列表。

（7）接下来就可以高枕无忧了，尽享 Wink 产品给生活带来的诸多便利。

Wink 的应用 App 的商标是由淡蓝色背景和白色房屋组成的，该标志表示这款产品可以直接通过 Wink 应用 App 访问，并且无须使用 Wink 集线器设备。Wink 集线器设备的商标是由白色的背景和淡蓝色的房屋组成的。该标志表示相关产品必须和 Wink 的集线器搭配使用。

## Home Depot和Wink组成的合作伙伴关系

用户当地的 Home Depot 专卖店或者 Home Depot 的官方网站是选购兼容 Wink 产品的最佳去处。去实体店选购产品的优点非常明显，那就是可以亲身体验。网上商城的优点是能够快速地浏览 Wink 的所有产品型号。

如果希望了解 Wink 应用 App 或者集线器的详细信息，可以直接前往 Wink 的官方网站。该网站包含大量相关产品如何使用应用 App 和集线器的内容，而且在疑难解答部分还能够找到很多技术问题的解决方案。

Wink 兼容的产品和厂商范围非常广泛。Wink 集线器目前兼容的协议有 Z-Wave、ZigBee、Bluetooth LE、Wi-Fi、Lutron ClearConnect 和 Kidde 等智能家居协议。不过，它并不支持所有协议（比如 INSTEON），因此在选购产品时务必了解清楚。

# 14.3 多协议解决方案

也许你已经开始着手修理家里的部分智能家居设备，发现其中部分设备之间不能互相兼容。也许你已经购置了大量的能够给自己的生活提供便利的智能设备，但是又担心这些设备因为互不兼容而需要安装一大堆应用 App 才能应付。不管怎样，接下来的章节将向读者介绍一些能够将互不兼容的智能家居产品统一管理的智能设备。

## 14.3.1 Revolv集线器

Revolv 这家公司的目标是：通过 Revolv 集线器和应用 App 管理用户家中的所有智能设备。目前智能家居设备厂商采用的通信协议五花八门（比如 ZigBee、INSTEON 等）。Revolv 的解决方案是在 Revolv 集线器中为这些协议之间搭建起桥梁（当然也需要必要的硬件设备）。当设备和集线器建立连接之后，用户就可以通过 Revolv 的应用 App 管理相关设备了，而且该公司为 iOS 和 Android 用户都提供了支持。

### 安装Revolv集线器

Revolv 公司推出的统一管理用户家中所有智能产品的设备很有竞争力，非常明显地体现了它的"一个集线器 + 一个应用 App"解决方案的特色。

该集线器的安装调试也非常简单。

（1）将该集线器安装在无线信号能够最大限度地覆盖室内区域的位置，一般是客厅中间的位置。

（2）将集线器接上电源。

（3）在自己的智能设备（智能手机或平板电脑）上前往 iOS 或者 Android 应用商店下载和安装 Revolv 应用 App。

（4）将集线器和 Wi-Fi 相连。

这一连接过程如果使用智能手机辅助，可以变得非常酷。用户可以用智能手机进行"闪光"（Revolv 称之为"闪连"技术）验证，从而替集线器完成安全验证，如图 14-2 所示。

（5）可以使用 Revolv 应用 App 自动识别已经与集线器连接的智能设备，也可以在网络中手动查找这些设备。

图14-2:
使用智能手机
代替Revolv集
线器完成无线
安全验证使得
其安装过程非
常简单

图片由Revolv提供

也许你正在使用 Revolv 集线器和应用 App 的解决方案。如我女儿所说，3 岁小孩都玩得转。我想 Revolv 的产品的确是急人之所需。

## 设备更新和兼容

用户购买 Revolv 集线器只需支付一次性的费用，它的后续服务没有额外的月租费用（某些公司可能会收费），这对于我来说是非常贴心的。所有兼容的协议更新和应用 App 的升级都是免费的，这也是 Revolv 产品的卖点所在。

Revolv 兼容的设备种类繁多，其中包括如下厂商。

>> Belkin。

>> GE。

>> Honeywell。

>> INSTEON。

>> Leviton。

>> Nest。

- » Philips。

- » Sonos。

- » Trane。

上述列表还在不断增加！读者可前往官网了解该公司兼容的设备和厂商最新列表。

建议读者前往官网了解更多信息，该网站包括一组视频，它们的内容包含演示如何安装 Revolv 集线器，以及本章前面提及的"闪连"技术。

# 14.3.2 个性化的CastleOS系统

CastleOS 实现统一管理用户家里的智能家居设备的方式同 Apple 和 Revolv 稍有不同，这主要是因为它的基础软件是基于 Microsoft 的 Windows 系统的。CastleOS 还可以调用 Microsoft 的 Kinect 系统，这使得用户可以向智能设备发送语音指令。因此，如果你讨厌 Apple 的产品，并且是 Microsoft 的拥趸，那么 CastleOS 应该会是你的挚爱。

TECHNICAL
STUFF

上述计算平台对 CastleOS 有偏见是因为无法运行 CastleOS 软件。核心系统的确需要运行在 Windows 的电脑上，不过在管理相关智能家居设备时，用户的智能设备只要有 Web 浏览器，并且能够上网就能实现上述目的。这意味着即使你只有一台 Mac、一部搭载了 Linux 的个人电脑，或者 iOS 和 Android 智能设备，仍然可以使用 CastleOS 管理自家的智能家居设备。不过也要提醒读者，如果你没有搭载 Windows 系统的个人电脑，仍然希望使用 CastleOS，该公司为用户想到了这一点，用户可以向该公司购买搭载了 Windows 系统的微型电脑，方便运行 CastleOS 软件。

## CastleOS工作原理简介

CastleOS 宣称它的产品是"无关协议的"，而且该产品几乎可以兼容"任何智能家居协议"，这一点对消费者来说无疑是非常棒的。因此如果你购置的智能家居设备采用的通信协议种类繁多的话（或者你仍然在不断的购置新设备），那么 CastleOS 应该能够满足你的需求。

CastleOS 第一个比较神秘的部分是它的核心服务，该服务在管理用户家里的智能家居设备过程中扮演了极为重要的角色。核心服务软件安装在搭载了 Windows 系统的个人电脑上，该服务通过用户家里的网络和智能家居设备通信。

## 访问应用App

第二种管理用户家里的智能家居设备的方法是由 CastleOS 的遥控应用 App 实现的。目前 CastleOS 提供了基于 HTML 页面的应用 App（见图 14-3）和 Microsoft 的 Kinect（用户语音控制），此外 CastleOS 还为 iOS 和 Android 智能设备用户提供了原生应用支持。

用户可以在任意安装了 Web 浏览器的设备上访问 HTML 的应用 App 页面。

>> **个人电脑**：任何 Web 浏览器都可以访问 CastleOS 的 HTML 应用 App。

>> **iOS 设备（iPad、iPhone、iPod）**：Safari 浏览器是首选，不过如果你不喜欢 Safari 浏览器，别的浏览器也可以满足需要。

>> **Android 设备（智能手机和平板电脑设备）**：Google 的 Chrome 浏览器是首选，因为该浏览器是所有 Android 系统自带的浏览器。

>> **Windows Mobile、黑莓以及其他**：选择用户喜欢的浏览器即可。

图14-3:
用户可以使用任意浏览器访问CastleOS的HTML应用App页面，管理自家的智能家居设备

图片由CastleOS软件服务有限公司提供

Kinect 应用 App 使得该产品提升了一个档次。使用 Kinect，你可以明确地告知 CastleOS 去做什么。如果你是《星际迷航》的粉丝，那么肯定记得这样的场景："计算机，开灯！""计算机，打开电视"等。Kinect 可以识别用户的语音命令，验证通过后向 CastleOS 的核心服务发送指令完成相关任务。

CastleOS 在其官方网站的下载页面为用户使用移动设备访问它的 HTML 应用 App 提供了详细的指南教程。

## CastleOS 上了 EPIC 电视节目

Chris Cicchitelli 是 CastleOS 背后的核心人物。他的智能家居理念非常前卫，并且他和他的家人还上了美国的 EPIC 电视选秀节目。不过需要注意的是，选秀节目展示了 Chris 安装 CastleOS 的过程比较复杂，比如安装电线之类的工作，因此不要被选秀节目误导了。CastleOS 是一款非常简单的自助式智能家居统一管理方案，并不是家居布线的噩梦。你可以前往 CastleOS 的官方网站，它提供了一组精彩视频帮助用户深入了解该产品的详情。

# 14.3.3  Link（sys）和 Staples 的 Connect

Staples 和 Linksys 合作开发了 Staples Connect 系列智能家居管理平台产品。Connect 是另外一款 App——集线器组合产品，不过稍后你就会发现它和同类产品的与众不同之处。

Staples 和若干主流智能家居厂商结成了合作伙伴关系，以便确保他们的 Connect 系统可以和这些厂家的产品兼容，Connect 集线器中预装了大部分常用的智能家居通信协议。因此如果你选择了 Staples/Linksys 组合方案，那么可以选择的智能家居产品的范围还是非常广泛的。

### Staples Connect 工作原理简介
Connect 的应用 App 经由 Connect 集线器来管理兼容 Connect 的智能家居设备。这一做法还是很贴心的，如你所见，Connect 有别于本章介绍过的其他产品的特点包含以下几个。

Connect 集线器包含运行 Wi-Fi、Z-Wave 和 Lutron ClearConnect 等协议必需的软件和硬件。虽然目前来看，它还有很多不足之处，不过它宣称未来的产品会兼容 INSTEON、ZigBee 和 Bluetooth 等协议。

» Connect 采用 Web 应用 App、iOS 和 Android 应用 App 等方式为用户提供管理服务。这是迄今为止提供管理自家的智能家居设备的方式最多的厂家。用户可以在 iOS 和 Android 应用商店获取相关的应用 App 程序。

» iOS 和 Android 应用 App 可以运行在 iPad 和支持 Android 的平板电脑设备上，与此同时，其他同类产品只能运行在 iPhone 和 Android 智能手机上。

Staples Connect 系统的启动与运行和市场上其他同类产品一样都非常简单。

（1）前往本地的 Staples 产品专卖店或者打开 Staples Connect 官方网站，查找兼容的设备类型，然后购买 Connect 集线器。

（2）根据用户智能设备的类型，前往 Apple 或者 Android 的应用商店下载和安装相应的 Staples Connect 应用 App 程序。

（3）启动上述应用 App 之后，单击"Sign Up"按钮为自己注册一个账户，如图 14-4 所示。如果你已经注册过了，那么输入用户名和密码登录即可。

图14-4：
单击"Sign Up"按钮注册一个新用户，或者使用已有的用户名和密码登录即可

图片由Staples提供

（4）创建和激活账户之后，新用户会被导航到安装指南页面，该指南可以帮助用户方便快捷地将设备添加到 Connect 集线器中。这个指南非常有用，因此用户最好把该页面添加到浏览器的收藏夹中，或者将之另存为 PDF 格式的电子文档以备后用。

（5）按照应用 App 的操作提示将 Connect 集线器添加到用户现有的 Wi-Fi 路由器中完成整个安装过程。

（6）根据操作提示将智能家居设备添加到 Connect 集线器中就大功告成了。

### 成功的合作伙伴关系

说实话：我曾经考虑过从 Staples 购买类似的办公用品，而不是仅限于满足家用需求。不过不得不承认，在其合作伙伴 Linksys 的大力协助下，Staples 的 Connect 产品表现非常优异。特别要向读者推荐一下该公司 Staples Connect 产品的官方网站，该网站不仅提供了与 Connect 相关的所有信息，而且还包含很多智能家居行业的常识。该网站的部分主题和疑难解答部分对于接触智能家居的新手来说大有裨益。Staples 在向大众普及智能家居常识方面功不可没！

## 智能家居是十全十美的吗？

也许你会感到奇怪，为什么自己在用或者用过的产品和服务在本章只字未提。我相信本章介绍的公司在统一管理智能家居设备方面的水平都是一流的。不过这并不代表其他公司在将混乱不堪的智能家居设备统一管理起来的能力都非常低下。我提及的所有公司的产品不可能满足所有用户的需求，正所谓众口难调。有些协议兼容性好，有些应用 App 接口华丽。简而言之，没有十全十美的公司。智能家居产业的发展仍然处于起步阶段，因此智能家居大一统之路势必是崎岖不平的。也就是说，如果他们中的某一个或者新的成员，在不久的将来站上了"十全十美"的领奖台，也不必感到惊讶。

# 第 5 部分
# 技巧荟萃

## 内容概要

智能家居应用入门

智能家居主流网站推荐

智能家居前沿应用

第15章
# 智能家居应用入门

目前为止，已经介绍了和智能家居有关的 411 个知识点，其涵盖的范围从最简单的设备安装到需要更多人力的多个产品的协同调试（甚至需要专业电工帮忙）。接下来的内容是引导读者进一步深入了解智能家居的具体应用。

有些人在接触新事物特别是和技术有关的东西时，喜欢从容易的部分入手。我的亲戚曾经在是否买智能手机上拿不定主意，他们认为手机只要可以打电话就行了，对于手机上网冲浪的功能视若洪水猛兽，避之不及。可是现在他们使用的都是时下最时髦的智能手机，通过手机上网冲浪、刷 Facebook、下载应用 App 的频率非常高。有时你需要做的只是深入了解，然后就可以如鱼得水了。

如果你和上述情况类似，那么本章的内容就是专门为你量身定做的。在了解新技术时感到无所适从的话，希望本章的内容可以成为一块跳板。本章将会介绍一些最简单、可靠的智能家居设备，方便用户迈入智能家居应用的大门。不过也请注意，我绝不是为这些产品打广告，当然，这些产品是我目前在市面上看到的最易于入门的开箱即用产品。

# 15.1 统一管理平台简介

第 14 章已经简要介绍过 Wink（还有其合作伙伴 Home Depot）这家公司，接下来的内容将会介绍该公司推出的部分优质产品。

和同类商品相比，Wink 平台支持用户在没有 Wink 集线器的情况下使用部分智能家居产品。一款智能家居产品是否需要依赖集线器取决于厂家在设计之初的产品定位。在某些情况下，厂家对于其产品是否需要使用集线器并不是首要考虑的因素，不过如果产品必须使用集线器，很可能是其原有的功能特性导致的。

Wink 集线器可以和用户家里的 Wi-Fi 路由器相连，这样一来不仅可以将兼容 Wink 的智能家居产品与用户的移动智能设备连接，而且用户外出时也可以随时随地管理上述智能家居产品了。

兼容 Wink 的设备一般都集成了 Wink 软件。该软件可以让设备与 Wink 集线器和用户的智能手机互相通信，并且还能够访问其他兼容 Wink 的设备。比如家里安装了某个厂家的运动传感器，那么传感器可以根据检测到的人体运动特征控制家里的照明系统。

首先会向大家介绍部分不需要依赖 Wink 集线器（见图 15-1）的产品，用户可以通过 iOS 或 Android 智能手机和平板电脑上的应用 App 管理上述兼容 Wink 的产品。

图15-1：
Wink集线器可以将兼容Wink的智能设备与你的手机或平板电脑相连

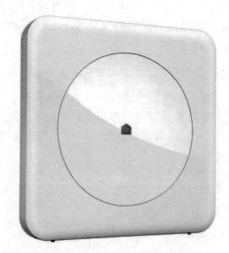

图片由Wink提供

## 为什么使用 Wink 应用 App？

你家里的智能照明系统和门禁系统都有专用的应用 App，运动传感器也是如此。那么为什么还要再使用 Wink 应用 App 呢？我给出的回答是"为什么不使用一个来代替 3 个呢？"，这就是使用 Wink 应用 App 的原因，如果你的设备都是兼容 Wink 的，那么它都可以囊括到 Wink 生态系统中来，这意味着用户只需要一款应用 App 就可以管理上述所有设备，即使这些设备是不同厂商研制的也是如此。

REMEMBER

如第 14 章所述，不依赖 Wink 集线器的产品外包装上都有淡蓝色背景、白色字体的 Wink 商标。

### Philips的Hue系列产品

第 6 章已经介绍过 Philips 的 Hue 系列智能 LED 灯泡，不过第 6 章的重点是讲述 A19 型的标准灯泡，它主要的特点是可以无缝替换用户现在使用的 60 瓦标准灯泡。不过，这只是 Philips 在智能照明方面很小的一部分。

本章接下来要介绍 Hue 系列产品的原因如下。

>> Hue 系列产品都非常棒。它们的安装和使用简单，这个特点也是本章的主题着重强调的。不过它们的实际表现也的确名不虚传。

>> Hue 系列产品能够很好地和大部分智能家居管理平台兼容。

>> 从一只灯泡开始入门不是理所应当吗？

家里全部采用标准的 A19 型 Hue 灯泡是个不错的想法，不过 Philips 旗下的其他 Hue 系统灯具也值得尝试，并且它们的安装和使用也和 A19 型灯泡一样简单方便。Philips 宣称这些产品为 Hue 家族。

迷彩 Iris（见图 15-2）是能够发出五彩斑斓灯光的灯具产品，也集成了 Hue 技术。用户需要做的只是将它和 Hue 适配器连接，然后就可以使用 Hue 应用 App 或 Wink 应用 App 管理它们了。

Philips 旗下另外一款非常棒的 Hue 系产品是 LightStrips 灯条（见图 15-3）。LightStrips 灯条（外部是柔软的透明塑料外壳，内置 LED 灯泡）形状的可塑性非常高，用户可以根据自己的偏好改变其形状，然后将其放置于普通灯具无法企及的位置。可以使用它把家里好好打扮一番，比如书柜、床底以及其他普通灯具无法摆放的地方。此外，用户还可以根据偏好调整它的灯光颜色，它们让夜色更迷人。

图15-2：
Philips的迷彩
Iris是一款非常
棒的灯具，而
且它能够兼容
其他Hue灯具，
以及Wink应用
App

图片由荷兰Philips公司提供

图15-3：
Philips的Light
Strips灯条可
以安放于家中
任意位置，而
且形状也能随
意定制

图片由荷兰Philips公司提供

用户需要购置一套 Hue 入门套件，其中包括 Hue 适配器，它的用途是为了使用 Iris 迷你彩灯和 LightStrips 相关的 Hue 网络。适配器能够将 Hue 设备和自家的 Wi-Fi 网络相连，然后用户就可以使用智能手机随时随地管理上述设备了。

TECHNICAL
STUFF

迷彩 Iris 和花式灯条灯光颜色使用的并非原生 Hue 灯泡，取而代之的是使用 RGB 三原色混合而成。这也解释了它们的灯光颜色为何与原生灯泡稍有不同的原因，即使在应用 App 中通过取色器选取的颜色一致也会发生类似情况。

## 15.1.1　Dropcam

大家购置智能家居设备时，安全性是首要考虑的因素之一，互联网摄像头在这方面占了很大比重。

Dropcam 是智能家居行业的顶级互联网摄像头制造商之一，该公司的一款产如图 15-4 所示，而且它的摄像头产品可以很好地兼容 Wink 应用 App。Dropcam 的摄像头产品，包括 Dropcam 专业版，主要用途是为用户提供家里的音频和视频监控信息，方便用户随时随地（当然，用户必须能够上网）查看家里的概况。

图15-4:
Dropcam摄像头可以为用户提供家里非常清晰的视频和音频信息，只要用户能够上网，就可以随时随地获取上述信息

图片由Dropcam有限公司提供

下面是 Dropcam 摄像头产品的部分功能特性。

» Dropcam 普通版的摄像头可以为用户提供 107 度的视角范围，专业版可以提供 130 度的视角范围。用户几乎可以监控家里的所有区域。

» 每个摄像头还提供了视野放大功能，用户能更清晰地查看监控对象。普通版提供的放大倍数是 4X，专业版的放大倍数是 8X。

» Dropcam 还能够监测可见区域的异动，并及时向用户发送预警信息。

» Dropcams 内置了麦克风和扬声器，用户可以通过管理界面与在该摄像头附近的人对话。当你在外地朝着家里的不速之客大吼时是不是感觉很酷呢？

>> Dropcams 还支持夜视模式，因此即使在夜间，它也能提供清晰的监控视频信息。专业版视频清晰度可能会更好一些。

Dropcam 摄像头的功能特性还有很多，它的安装和使用也非常简单：

（1）将 Dropcam 的电源线和电源相连。

（2）使用 Dropcam 的应用 App 识别 Dropcam 设备。

（3）接下来就可以监控 Dropcam 摄像头所在的区域或房间了。

用户可前往 Dropcam 官网了解 Dropcam 摄像头的详细使用方法，提升用户家居安全性。

## 15.1.2　Nest Protect

Nest 的恒温器产品已经家喻户晓，因为它是最畅销的恒温器产品之一。不过大家对于该公司的 Nest Protect 智能烟雾探测器也许会比较陌生。

Nest Protect（见图 15-5）是一款烟雾、一氧化碳等有毒气体的智能探测器，当该设备检测到异常情况时，用户的 iOS 或 Android 设备会及时收到警报信息。Nest Protect 甚至可以使用语音警报信息通知用户。

图15-5：
Nest Protect 智能探测器检测到有害气体泄漏时后会及时向用户发送预警信息，而且支持Wi-Fi通信

Nest Protect 包括两种型号：一种是电池供电，另一种是使用电线匹配合适的电源插座驱动。这两种产品都可以使用如下方式向用户发送预警信息：

>> 语音预警；

>> 警报；

>> 在用户的智能手机或平板电脑上推送警报通知信息。

语音警告信息在出现异常时非常有用。当检测到异常时，你会听到诸如"小心，餐厅起火了！"这类语音警告信息，它会报告事故类型和发生地点。

Nest Protect 设备上的按钮旁边还配置了警示灯，它可以通过灯光颜色帮助用户识别事故的威胁程度的大小。这个功能是非常贴心的，特别是可以让用户在夜间也能快速、及时地获知警报信息。它的设计的确是非常有创意和人性化的，充分显示了该公司对产品功能细节的苛求。

Nest Protect 智能烟雾探测器的安装也非常简单。

（1）打开 Nest Protect 产品的外包装。

（2）从 iOS 或 Android 应用商店下载 Nest 移动应用 App。

（3）打开该应用 App 并注册一个 Nest 账号，如果已经注册过，登录即可。

（4）单击图标添加一个烟雾或者一氧化碳报警器。

（5）使用智能手机或平板电脑上的摄像头扫描 Nest Protect 产品背后的条形码。

（6）撕下 Nest Protect 上的蓝色标签。

（7）打开智能手机或平板电脑上的网络设置，将它们和 Nest Protect 网络相连。

（8）在智能设备上打开 Nest 的应用 App，根据操作提示输入家里的 Wi-Fi 信息。输入上述信息的同时，用户需要准备好 Wi-Fi 密码。

（9）当 Nest Protect 成功接入互联网之后，它会通过语音告知用户。

（10）用户可以在 Nest 应用 App 上通过语音告诉 Nest Protect 被监控房间的名称。

（11）在该房间安装 Nest Protect 设备，用户需要根据说明书和设备型号执行一些必要的安装步骤。

现在，Nest 设备已经安装完毕，用户可以直接使用 Wink 应用 App 管理它们了。

用户可以前往 Nest 网上商城了解 Nest Protect 智能烟雾探测器相关的应用案例视频。

### 15.1.3 Quirky的Spotter（传感器）

Quirky 是一家专门帮助发明家梦想成真的公司。加拿大多伦多市的 Denny Fong 先生发明的 Spotter 是该公司推出的最畅销产品之一，如图 15-6 所示。

图15-6：Quirky的Spotter是一款五合一传感器产品，用户即使外出，也能及时收到家里的异动预警信息

图片由Quirky创新工厂提供

Spotter 是一个传感器。更精确地说，是一个智能传感器。换句话说，Spotter 其实是由 5 个小型传感器组成的高级功能包。因为 Spotter 很小巧，用户几乎可以将它安放于家中任意位置。流线型的外观使得它看起来能够将周围的环境融为一体。Spotter 传感器的监测指标如下。

» 声音。

» 生物运动。

» 湿度。

» 亮度。

» 温度。

上述传感器可以帮用户密切监视家里的异动。对于比较在意安全性的地方，用户可以多安放几个传感器来增强灵敏度。

用户可以在智能手机或平板电脑上的 Wink 应用 App 中配置和添加 Spotter，启动 Spotter 之后，智能设备只需靠近 Spotter，使用上述应用 App 识别 Spotter 设

备即可。当 Spotter 设备激活之后，用户可以为它配置一些应用规则，比如当有人开门或者干衣机烘干衣服后，及时告知用户。Spotter 的使用方法真可谓千变万化。

Spotter 几乎可以安装在任何地方，一般主要的安装方式有以下几种。

» 螺丝固定。

» 背胶式附着。

» 内置磁铁。

我想 Spotter 这款产品应该是对"极简主义"智能家居技术的最好诠释。希望了解该产品的详情，可以前往 Quirky 官网。

## 15.1.4　Quirky+GE的Pivot智能变形插座

Quirky 又一次出现了，不过这一次它的产品是和 GE 的 Pivot Power 智能变形插座（见图 15-7）搭配使用的。Pivot Power 插座比以往普通的条形插座功能更强大。Pivot Power 智能变形插座是一款智能设备，这意味着可以精确地控制该插座上的每个插孔，用户通过智能手机或平板电脑设备就可以方便地打开或关闭与插座相连的设备。

图15-7：
Pivot Power智
能插座是一款
智能、可变形
的家居电源插
座

图片由Quirky公司提供

作为一款智能设备，它的表现的确已经非常出色了，不过就我个人而言，让我着迷的是它最没有技术含量的部分：插座上每个插孔都是可以任意活动变形的。这一特性使得用户可以使用不同尺寸的插头并且能够充分利用空间。使用以往的普通插座，用户必须把尺寸比较大的插头插在插座两端的插孔上，或者再连接另外一只插座才能满足需要，有时因为插头尺寸比较大，插在普通插座上后，插座会因此而发生倾斜继而影响其他插头。Pivot Power 智能变形插座有效地解决了这些问题，并且外观看上去也非常时髦。

用 Web 浏览器打开 Quirky 官网上销售 Pivot Power 的网页，该页面包含一组在智能设备上使用 Wink 应用 App 配置 Pivot Power 智能变形插座的精彩视频。

接下来要介绍的两款产品是需要用户将 Wink 集线器添加到自家的 Wi-Fi 网络才能使用的，不过上述操作步骤也非常简单。Wink 集线器可以让用户花费相对低廉的费用将大量的智能设备集成到自家的智能家居系统里。

## 15.1.5　Leviton可插拔式调光器

你是否考虑过在家里重新布线实现灯光的智能化控制呢？ 如果你喜欢普通灯泡胜过智能 LED 灯泡，但是又希望获得智能家居带来的诸多便利，那么强烈建议你入手一台 Wink 集线器设备。

如果上述问题正合你意，那么 Leviton 的产品应该是你的首选。DZPD3 型的可插拔智能调光器如图 15-8 所示。

图15-8：
Leviton的
DZPD3可以
让用户通过
Wink应用App
管理灯具，即
插即用

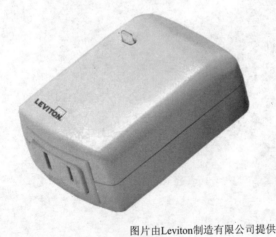

图片由Leviton制造有限公司提供

它的安装和使用都非常简单。

（1）将灯泡安装到 DZPD3 设备上。

（2）将 DZPD3 和电源插座相连。

（3）在智能设备上通过 Wink 应用 App 识别 DZPD3。识别该设备之后，用户就可以通过 Wink 应用 App 调节该设备上灯泡的亮度了。

因为 Wink 集线器是兼容 Z-Wave 通信协议的，所以 DZPD3 可以和 Wink 应用 App 搭配使用，用户可以调节灯光亮度，打开和关闭灯泡；而且可以根据实际需要设定一些规则进行综合场景应用；还可以购置多个调光器模块，使得用户能够控制家里的所有灯泡。

希望了解 DZPD3 型产品的详情，可以前往 Wink 官方网站。

## 15.1.6　Quirky的Tripper

你是否想过将智能手机或平板电脑当作个人的智能守卫呢？不过这并不意味着它可以揪着某个不速之客的耳朵，然后将他扔出你的视线。它可以及时向你发送预警信息，然后你就能够从容应对。那么接下来好好聊聊这件宝物。

Quirky 这家公司的表现非常抢眼，本章又要再次介绍该公司旗下的一款产品了，它就是 Tripper 智能传感器。Tripper 智能传感器外观靓丽、小巧玲珑，用户可以将它安装在任意的门窗或者橱柜上。它的使用方法为数众多，该产品如图 15-9 所示。

图15-9：
在家里的门窗被打开或者关闭时，Quirky的Tripper传感器会自动向你发送通知信息

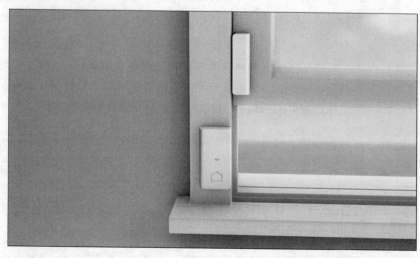

图片由Quirky有限公司提供

- » 将它安装在橱柜上，当家里的小孩偷吃零食时可以及时收到通知。

- » 在家里的前门和后门分别安装一只传感器，当有人开门时，用户会及时收到通知。

- » 在窗户上安装一只 Tripper 智能传感器，当有人打开或者关闭窗户时，用户会及时收到通知。

- » 将 Tripper 智能传感器和照明系统联动起来，当有人开门进入时同时开灯。

- » Tripper 智能传感器还可以和恒温器相连，当关闭窗户时，恒温器将自动制冷或者制热；当打开窗户时，恒温器自动关闭，既经济又环保。

Tripper 智能传感器能够与 Wink 集线器和应用 App 协同工作，用户只要能够上网，就可以随时随地查看家里的安防信息。

Tripper 智能传感器的用法几乎是无限的，只需尽情发挥你的想象力即可。以我之见，Quirky 绞尽脑汁发挥想象力的努力不会比任何一个用户少。希望了解该产品的详情，可以前往 Quirky 官网。

# 15.2　WeMo

这不是本书第一次提及 WeMo 产品，不过本章介绍该系列产品的目的是因为本章的主旨是向读者介绍一些入门级的智能家居设备，因此 WeMo 就理所当然地被囊括其中了。

Belkin 的 WeMo 系列产品的安装和使用都非常简单，而且它们的实际表现也不负众望。WeMo 的设备甚至不需要依赖集线器就能使用。WeMo 设备可以直接通过用户家里的 Wi-Fi 和互联网及智能手机或平板电脑通信。

智能家居新手购置一些 WeMo 设备可以让你不会因为头脑发热，继而在一些华而不实的设备上浪费钱财。

## 15.2.1　Insight开关

Belkin 旗下的 WeMo 系列 Insight 智能开关和同类产品的功能类似，它可以遥控管理任何插在其插座上的电器。不过这也是它有别于同类产品的开端。

Belkin 还有一款 WeMo 开关，它的功能和 Insight 智能开关大体类似。

» 打开或者关闭家用电器。

» 在智能手机或平板电脑上使用 WeMo 应用 App 管理智能设备。

» 可以定时关闭或者打开特定的家电。

» 兼容任何标准的 120 伏特电源插座。

不过，Insight 智能开关（见图 15-10）还可以让用户明明白白消费，它就像一个技术间谍，能够实时显示家电设备的用电量。当你发现每月大幅缩减的电费时，一定会乐见于此的。当然，它还包括如下特性。

» Insight 智能开关可以监控设备的运行状态，比如与之相关的设备运行时间。

» Insight 智能开关还能够记录插在该开关上的设备的用电量。

» Insight 智能开关还可以将相关设备用电量的详情以电子邮件的形式发给用户。

图15-10：
Insight智能开关不仅可以管理设备电源的开闭，而且可以统计相关设备的用电量

可以前往公司官网，了解在实际的智能家居环境中使用 Insight 智能开关的详情。

TIP

WeMo 的 Insight 智能开关还可以通过 IFTTT 服务菜谱定制智能照明场景。在公司官网页面的底部包含 Insight 智能开关调用 IFTTT 服务的详细说明。

## 15.2.2　NetCam摄像头

Belkin 的 NetCam 是一款支持 Wi-Fi 的互联网摄像头,而且它还是 WeMo 系列智能家居产品的一部分。NetCam 摄像头实际上包含两种型号,不过本节介绍的型号是玻璃镜片和夜视功能的 HD+ 视频画质的 Wi-Fi 互联网摄像头。

没错,上述一长串名称才是它的真名,不过为了简单起见,下文会简称它为 NetCam 摄像头。

如图 15-11 所示,NetCam 外观新潮,用户可以将它安装在任何地方,甚至可以将它组装到墙面上。

图15-11:
NetCam能够
帮助用户监控
家里的异动,
只要可以上
网,就能随时
随地查看家里
的状况

图片由Belkin提供

Belkin 集成了很多优异特性在这款摄像头产品中,其中包括:

» 夜视功能可以帮助用户看清深夜鬼鬼祟祟去冰箱里偷吃零食的人;

» 内置的麦克风和扬声器可以让用户大声呵斥半夜偷吃零食的"小贼",甚至可以听到他的啜泣;

» 运动传感器可以帮助用户检测到房间里的异动,比如某人偷偷溜进厨房;

» 宽阔的视角可以让用户对房间尽在掌握;

» 使用 WeMo 应用 App 管理摄像头。

另外它还有一个很棒的特性，那就是订阅 Belkin 的专业云服务，用户可以将视频文件存储在云中，然后在闲暇时观看这些视频。

NetCam 摄像头的安装也非常简单。

（1）在你的 iOS 或 Android 智能设备上安装 NetCam 应用 App。

（2）将 NetCam 摄像头接通电源。

（3）翻转 NetCam 摄像头背后的开关。

（4）在你的 iOS 或 Android 智能设备的网络设置中配置好 NetCam 摄像头。

（5）打开 NetCam 应用 App，根据操作提示将 NetCam 摄像头添加到家庭网络中。

（6）在 Belkin 公司官方网站上注册一个账户，将该账户和 NetCam 摄像头绑定。用户还可以使用该账户在其他设备上管理 NetCam 摄像头拍摄的视频信息。

（7）将 NetCam 摄像头背面的开关翻转向下，完成安装工作。

请务必牢记家里的 Wi-Fi 密码，如果忘记该密码，那么还需要重复执行上述步骤中的第 5 步。

安装工作完成之后，用户就可以马上通过智能手机或平板电脑观看摄像头的监控视频了。在这里还需要提醒一下有孩子的父母们：你的孩子也许会非常讨厌 NetCam 摄像头，因为他们不能像过去那样愉快地偷吃零食了。当然，你也许会爱上它。

## 15.2.3　LED灯具

第 6 章已经介绍过使用 Belkin 的 LED 照明套装打造 WeMo 式的智能照明解决方案。虽然不会赘述之前章节的内容，不过本章会对上述技术做个简要的回顾。

此外不得不说一下另外一家小公司：Osram Sylvania（欧司朗）。该公司的产品和 WeMo 系列 LED 照明设备的功能非常相似，因此它不得不谋求与 Belkin 合作，开发更好的智能照明产品。为此，它推出了一款兼容 WeMo 的灯泡，即极智 BR30 型 LED 灯泡，如图 15-12 所示，它是一款填补嵌入式灯具市场空白的产品，Sylvania 和 Belkin 强强联合，进一步扩大了 WeMo 系列照明产品的市场份额。极智灯泡经久耐用：据称使用寿命有 50 年（以每天工作 3 小时计算）。两家公司声称未来还会合作推出更多智能家居产品，不过目前来看，合作推出的产品只有极智 BR30 型 LED 灯泡一款。

图15-12：
Belkin和
Sylvania两家
公司强强联
合，共同推出
了极智BR30
型LED灯泡

图片由Belkin提供

极智 BR30 型 LED 灯泡和 Belkin 自主研发的 WeMo 智能灯泡类似，都兼容 WeMo 应用 App 和 Wink 集线器。

>> 遥控管理极智 LED 灯泡。

>> 定时打开或者关闭极智 LED 灯泡。

>> 极智 LED 灯泡可以和其他 WeMo 灯具一起协作，组成特定的照明场景。

如果用户已经购置了 WeMo Link 集线器和 WeMo 灯泡，只需要把极智灯泡当作能够通过 WeMo 应用 App 管理的嵌入式灯泡即可。

# 第16章

# 智能家居主流网站推荐

当前的互联网时代，大家在学习某个知识时自然而然地会上网求助搜索引擎，比如查找打折商品，工作遇到问题查找资料，看新闻等。对于智能家居来说也是如此。互联网上有海量的、非常有价值的智能家居技术资讯，可以说应有尽有。

本章将会向读者推荐我比较喜欢的10家智能家居网站。其中有些适合购置智能家居产品；有些包含海量的技术资讯；有些兼而有之。我敢保证这些网站都是精挑细选的，它们是目前为止介绍智能家居技术覆盖面最全的10家网站。

顺便说一句，这些网站的出现顺序并没有经过刻意排列，笔者的目的只有一个：希望为读者提供最有价值的信息。

# 16.1　Smarthome

Smarthome.com 这家公司 1992 年就开始涉足智能家居行业，我想它对本章的主题应该会有所贡献。该公司的官方网站成立的时间是互联网逐渐兴起的 1995 年。

Smarthome.com 网站如图 16-1 所示，它提供了大量和智能家居设备相关的内容，其中包括：

>> 照明管理；

>> 安防；

>> 家庭影院；

>> 温度和能源管理；

>> 宠物护理。

图16-1：
Smarthome.
com提供了大
量和智能家
居设备有关
的内容，而
且主要是和
INSTEON技
术相关的

当然，Smarthome.com 还提供了其他能够为用户提供便利、使生活更"智能化"的产品：

>> 智能穿戴设备；

>> 个人安防；

>> 气象仪；

>> 汽车辅助仪器。

Smarthome.com 的目标是成为消费者购买智能家居产品的一站式网上购物商城，而且它的产品种类也非常齐全。此外值得一提的是，Smarthome.com 属于 SmartLabs 有限公司，该公司同时也是一系列智能家居产品的制造商。虽然 SmartLabs 是一家质地优良的公司，不过它的智能家居产品大部分采用的是 INSTEON 技术。不过请不要误会，INSTEON 技术也是非常棒的。但是对于那些没有购置兼容 INSTEON 技术设备或者只是想对智能家居技术浅尝辄止的用户来说，Smarthome.com 这家网站也许并不是理想的去处。

# 16.2　CNET

如果你是一名技术极客，那么 CNET 应该是你经常光顾的网站。为了表现对技术的热爱，我也经常到该网站逛逛，了解一下最新的技术动态，不过我对于它提供的智能家居技术资讯之丰富还是让我大感惊讶。众所周知，CNET 以前主要是为大众提供软件、计算机、智能手机以及其他设备的最新咨询服务的，不过最近人们开始逐渐关注智能家居技术了。我们的家居环境和其他事物一样，越来越多地融入了大量科技元素，CNET 是非常棒的前沿科技产品展览馆。

CNET 的智能家居子站为用户提供了最前沿的智能家居产品资讯。该网站让我赞不绝口的一点是智能家居产品最佳排行榜，其中几乎囊括了所有一线厂商的产品（但不限于）。

>> 智能集线器。

>> 智能恒温器。

>> 智能安防产品。

>> 智能门锁。

用户可以在网站的最佳智能家居产品选项卡中浏览上述排行榜，如图 16-2 所示。

CNET 擅长产品测评视频制作（我个人的看法）。测评视频的好处在于用户可以直观地看到产品的使用情况，特别是动手把玩一件产品时，尤其如此。

图16-2:
CNET的智能
家居产品最佳
排行榜对用户
来说是非常有
用的

# 16.3　CEA

美国消费电子协会（Consumer Electronics Association，CEA）的使命是开拓电子消费市场，因为智能家居产品绝对属于电子消费范畴，因此 CEA 也对智能家居技术非常关注。

CEA 的客户既包括电子产品厂商，也包括电子产品消费者。因此，你会发现 CEA 会想方设法取悦他们。作为消费者，你只需要关注 CEA 能够为你提供的好处即可。

前往 CEA 的官方网站，用户可以看到海量的科技资讯。在该网站页面，你可以点击"Consumer Info"选项卡，很容易就能找到和智能家居产品有关的资讯（见图 16-3）。

CEA 的智能家居系统页面提供了大量的精彩视频，帮助用户深入掌握智能家居的应用。

TIP

智能家居系统页面中有两个部分非常有趣，它们分别是"Want It"和"Got It"。

"Want It"章节包含一组消费者可能感兴趣的智能家居技术专题列表。每个专题阐释了相关技术的原理和入门知识。

"Got It"章节的若干主题主要是围绕如何充分利用用户现有的智能家居设备展开的。

图16-3:
CEA的智能家
居系统页面包
含大量智能家
居实战应用资
源

# 16.4　SmartThings

Smart Things 这家公司以提出了"网络即生活"的口号蜚声业界，而且它也是主流智能家居厂商之一，其官方网站也是智能家居新手入门的好去处。

>> 该网站提供了大量和智能家居有关的优质内容。

>> 用户可以下载 SmartThings 的应用 App，该应用 App 可以良好地兼容大多数智能家居环境。

>> 用户可以购置包括热销的智能家居入门套装在内的 SmartThings 系列产品。

>> 用户可以在 SmartThings 的用户社区与其他用户分享和交流 SmartThings 产品的使用心得。

>> 如果你是技术极客，还可以下载 SmartThings 的开发工具和文档进一步深入研究。

我比较喜欢它的博客部分，SmartThings 博客涵盖了其产品的方方面面，其中包括产品使用技巧、技术原理剖析（比如无线网络中继器和信号强度），等等。

TECHNICAL
STUFF

该博客还宣称 SmartThings 受 IFTTT 的影响很大。IFTTT 服务可以通过一组命令组合（即"菜谱"）与 Web 应用 App 通信。SmartThings 还在 IFTTT 官方网站上开设了一个专题频道，其中包括 180 多个"菜谱"服务，用户可以通过这些"菜谱"将 SmartThings 的产品设备与互联网服务无缝衔接起来，如图 16-4 所示。

图16-4：
SmartThings为
用户定制了180
多个IFTTT"菜
谱"服务

# 16.5　Amazon

乍一看，Amazon 不应该在本章占有一席之地，"至少本书的读者都是已经掌握了智能家居基本应用的高端人士！"。不过说实话，Amazon 和本章的主题是密切相关的，它还专门为用户提供了智能家居技术和相关产品的专题页面。我甚至可以毫不夸张地说，Amazon 比互联网上任何一个人都有资格来介绍这个主题。

首先，Amazon 作为全球领先的电商网站，用户可以选择的智能家居产品是全球范围的。Amazon 不只销售一家公司的智能家居产品，它的商品几乎涵盖了全球的所有厂家。因此，在它的网站平台上销售的产品价格是非常有竞争力的。

其次，Amazon 不仅在向用户科普智能家居技术上功不可没，而且对用户的智能家居需求定位精准。该网站的智能家居资源与购买指南部分是用户货比三家的好去处。通信协议指南，如图 16-5 所示，对用户来说已经物超所值了。

Amazon 网站上大约有 3000 多种智能家居产品供用户选择，因此当用户在这些智能家居产品的汪洋大海中遨游时，务必带上指南针以防迷路。你会发现这些产品几乎涵盖了智能家居技术的所有内容，Amazon 还将它们进行了精心分类：

>> 能源和照明；

>> 监控和安防；

>> 家庭影院；

>> 可穿戴设备（部分产品的确非常前卫）；

>> 网络配件。

图16-5：
Amazon的通
信协议指南是
广大用户购买
智能家居产品
的指南之一

该网站还有一个购物指南目录，其中提供了非常棒的解决方案、智能家居入门指南、前卫的智能家居产品测评以及智能家居应用心得等资讯。

Amazon 网站上的内容包罗万象，在上面给用户指出一条通向智能家居的捷径对你我都是一种考验。下面是导航到 Amazon 网站中智能家居部分的具体步骤。

（1）用 Web 浏览器打开 Amazon 网站。

（2）单击页面左上角的"Department"购物列表，选择"Full Store"项目。

（3）浏览目录页中的"Home，Garden & Tools"下的内容，点击"Home Automation"子项。

上述步骤看上去比较复杂，不过绝对是值得的。

# 16.6　Home Controls

Home Controls 涉足智能家居行业已经有超过 25 年的历史了。该公司在业内积累了丰富的经验，并且他们非常乐于把这些知识和大众分享（同时向你兜售一些该公司的产品）。

当我说 Home Controls 非常热爱智能家居行业时，并非是在开玩笑。请允许我引用其官方网站上一对夫妇对产品的评价来证明这一点："你是否想过将电视遥控器扔掉，亲自去电视机旁边调整电视频道或者音量呢？我家不是这样的，你得使出吃奶的劲才能从我们这里撬走它！"现在，智能家居应用已经成为一种生活方式了。

Home Controls 网站为用户提供了如下优质内容。

» 一个频繁更新的博客，为用户提供最新的产品资讯和科技动态信息。

» Home Controls 的 Facebook 和 Twitter 等社交媒体的链接（该公司希望和客户能够及时互动）。

» 可选的 Home Controls 产品邮件，用户可以通过订阅该邮件了解最新的智能家居应用和技巧。

» 可以查看和下载该公司的所有智能家居产品目录。

» 智能家居健康辅助商店为满足残障人士的特定需求推出了很多非常有用的科技产品。

Home Controls 还发行了一本以智能家居为主题的内部刊物，它包含了很多流行的智能家居产品测评介绍。此外它还对智能家居环境进行了分门别类，然后针对家居环境中的每个特定区域如何充分利用智能家居产品做了详细解说。这幅精美的智能家居环境使用示意图（见图 16-6）可以直观地展示智能家居技术给用户带来的诸多便利。

图16-6：
Home Controls
的智能家居内
部刊物PDF文
件中的应用展
示图非常直观
地体现了智能
家居技术的优
点

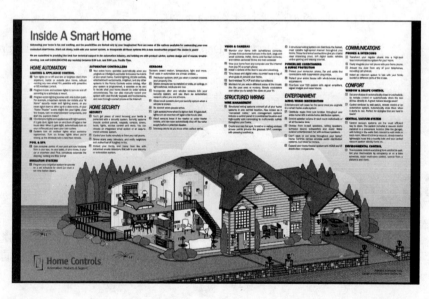

可以前往该公司官网了解该公司的详情。

# 16.7　Z-Wave.com

第 1 章已经介绍过智能家居通信协议，不过也有专门为用户和开发者介绍特定通信协议的网站，Z-Wave.com 就是其中之一，顾名思义，它主要的目的是围绕 Z-Wave 协议展开的。

Z-Wave 通信协议非常受欢迎，很多公司在它们的产品中都采用了该协议。这些公司包括 ADT、Ingersoll Rand、Bosch、Honeywell、LG 电子和 Verizon 等。Z-Wave.com 提供了一个指向 Z-Wave 联盟的链接。Z-Wave 联盟网站是所有采用 Z-Wave 协议的厂商聚集的地方，在这里他们可以交流产品，切磋技艺。关于 Z-Wave 本身，它是"由全球希望发展和推广 Z-Wave 技术的工业界领袖共同发起创立的"。可以在该网站的"会员单位"章节找到相关的会员列表。

Z-Wave.com 是那些希望了解该协议的技术原理、兼容该协议的产品列表以及如何将该协议集成到现有智能家居环境中的用户的好去处。该网站详细地阐释了 Z-Wave 的技术原理，以及流行的产品推荐视频，帮助用户选择符合需求的智能家居产品。

如果你对 Z-Wave 技术特别感兴趣，甚至希望使用该协议开发相关产品，那么建议你点击 Z-Wave 网站右上角的"Developers"链接，前往该网站的开发者中心页面（见图 16-7）。该页面为用户提供了大量 Z-Wave 技术爱好者喜欢的内容，其中包括：

» 一个和其他类似协议的优劣对照表；

» Z-Wave 开发者入门工具包；

» Z-Wave 技术白皮书——技术原理深入剖析；

» Z-Wave 市场的最新动态，以及相关产品的市场定位；

» Z-Wave 最新的大事年表资讯。

图16-7：
Z-Wave的开
发者中心页
面为用户提
供了大量的
Z-Wave技术
和市场资讯

# 16.8 ZigBee Alliance

上一节讨论的是 Z-Wave.com，因此为了公平起见，本节向大家介绍 ZigBee
协议。

ZigBee 联盟的主要目标更偏向于智能家居技术细节，它主要精力放在了 ZigBee
协议规范的精确实现上。

用 Web 浏览器打开 ZigBee 主页（见图 16-8），在该网页的左边有一列链接，
这些链接大部分是和 ZigBee 协议规范有关的，其中包括：

» 联盟成员；

» ZigBee 协议规范的技术白皮书；

» 兼容 ZigBee 协议设备的市场份额统计；

» 采用 ZigBee 协议的产品列表；

» 如何成为一名获得 ZigBee 资格认证的开发人员；

» ZigBee 规范相关的大事年表和最新资讯。

TECHNICAL
STUFF

ZigBee 协议规范的应用不限于智能家居行业，在其他市场的应用也非常广泛，其中包括商业建模系统、远程控制、医疗监测等。

图16-8:
ZigBee联盟
网站提供了与
该协议相关的
所有信息资讯

## 16.9　Lowes

Lowes 这样的大家电卖场终于也开始涉足自助式智能家居市场了，它的官方网站也提供了不少和智能家居产品相关的展示页面。

我敢说 Lowes 这样的卖场绝对是智能家居新手入门的好去处。Lowes 最近推出了智能家居统一管理产品 Iris。Iris 是 Lowes 专门为喜欢自助式智能家居产品的用户研制的，该产品可以通过智能集线器和应用 App 方便地管理用户家里的所有智能家居设备。Lowes 还为用户提供了一些与 Iris 无关的产品，不过大部分产品还是围绕 Iris 研制的。

除了学习 Iris 的产品使用，以及如何将它与你现有的智能家居环境集成，实现一个集线器和应用 App 管理家中所有设备之外，它和其他智能家居产品没什么大的区别。不过，我仍然建议用户去它的官方网站看看，特别是那些对 Iris 产品有浓厚兴趣，并且打算购置一套设备的用户来说，购买该产品之前多了解一下该产品的详细信息是很有帮助的，该公司的一个网页如图 16-9 所示。

图16-9：
Iris是Lowes公
司推出的智能
家居统一管理
平台产品，它
通过智能集线
器和应用App
帮助用户管理
家里的所有智
能家居设备

# 16.10  Home Depot

说句心里话，当我平时需要去建材市场购置材料时，如果在 Lowes 和 Home Depot 之间做一个选择，那么不得不承认我更倾向于前者，因为当我有一些专业问题需要咨询时，Lowes 的导购员专业知识更丰富。但是在选购智能家居产品时，我会选 Home Depot。因为它不仅有自主研发的智能家居管理系统产品（Wink 在第 14 章已经介绍过），而且它能够提供的智能家居产品种类更丰富。

Home Depot 为客户提供了大量兼容 Wink 技术的智能家居产品，而且它们涵盖的领域非常广泛，其中包括：

>> 能源管理；

>> 家庭娱乐；

>> 照明；

>> 安防和门禁；

>> 运动传感器；

>> 恒温器。

希望访问 Home Depot 的智能家居专题页面，可以执行如下步骤：

（1）在 Web 浏览器中打开 Home Depot 主页。

（2）鼠标点击该页面左边的商品分类目录中的"Electrical"项。

（3）点击弹出窗体中的"Home Automation"子项，如图 16-10 所示。

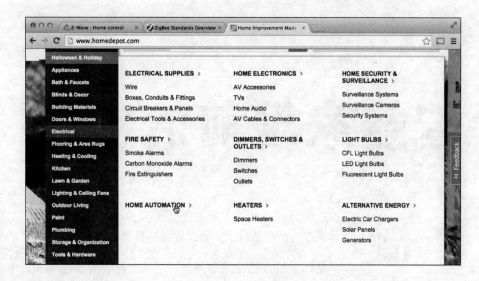

图16-10：
Home Depot
的智能家居产
品可以在该网
站的电器类目
下找到

现在，你就可以在 Home Depot 网站上选购智能家居产品了。

提示：滚动页面，定位到"Home Automation Education"部分，它包含大量和智能家居技术有关的科普知识。

不过请不要被 Home Depot 网站中给产品添加的"兼容 Wink"的标签误导了，这并不是说这些产品不能和其他智能家居产品或者智能集线器兼容，其中大部分产品的兼容性都非常好，比如 Philips 的 Hue 系列灯泡、Schlage 的触摸式智能锁等。

## 特别推荐：消费者调查报告

众所周知，消费者报告杂志是专门为大众做产品测评的，不过你一定还不知道它的测评范围已经涵盖了智能家居产品吧？他们不仅要测评产品的各项参数的实际表现，而且会根据用户的实际情况提供客观的意见，让消费者不必浪费时间和金钱在不符合需求的产品上。前往该杂志主页，还可以获得相关产品的最低价格。

第17章

# 智能家居前沿应用

目前，你对智能家居应用应该已经有了一个全面的了解。生活是美好的，你可能已经清楚自己将会添置哪些智能家居设备。

但是你觉得自己已经掌握全局了吗（对于所以智能家居任务来说）？前面章节提及的产品也未必能够完全满足你的特殊需求吧？除了智能烤箱之外，你不觉得自己错失了某些非常时髦并且实用的产品吗？本章我们将会提出新的挑战吗？

对于上述第一个问题，答案当然是否定的。至于其余的问题，我会用铿锵有力的声音回答"是的！"。

将要介绍的产品设备都是现实生活中切实存在的，不管它们看上去有多古怪，都是非常实用的。

# 17.1  智能水沟清洁机

又到了"年终大扫除":自家房前屋后和屋顶的排水沟堵满了树叶、杂草等乱七八糟的杂物,所以必须架好梯子上上下下打扫一番。清洁工作通常会遵循如下步骤:

(1)将梯子搭好,确保它离排水沟的位置足够近。

(2)登上梯子。

(3)将排水沟里的污物清理干净。

(4)从梯子上下来。

(5)换个位置重新搭好梯子。

(6)重复第 1 ~ 5 步,直到所有排水沟里的杂物都清理干净为止。

当然,一定有偷懒的办法对不对? 答案当然是肯定的:智能排水沟清洁机!

iRobot 是以生产将人从烦琐的家务劳动中解放出来的机器人闻名遐迩的公司,该公司的产品可以说是懒人的福音。他们再一次用另外一款产品给我们带来了惊喜:Looj 清洁机,如    图 17-1 所示,它是一款智能清洁水沟产品,可以代替人完成繁重的家务劳动。当然,你还是必须爬上梯子,把 Looj 清洁机放在水沟里才行,不过之后就可以当甩手掌柜,坐下来喝一杯冰茶,剩下的工作就交给 Looj 清洁机就可以了。

Looj 清洁机可以检测到排水沟里的杂物,并知道如何充分利用螺旋式清洁刷将它们清理干净。它还附带了遥控器和可拆卸手柄,用户可以使用遥控器控制该设备的启动和关闭,而且还支持手动控制。该设备的部分特性如下。

» Looj 清洁机和遥控器之间的有效距离是 50 英尺,这意味着用户不必频繁地移动梯子的位置。

» 用户可以根据需要设定可拆卸螺旋刷的工作模式。

» 清理 30 英尺的水沟平均花费的时间大约是 5 分钟。

希望了解 Looj 清洁机的详情,可以前往 irobot 网站。你会找到大量和该设备有关的信息,其中包括一组 Looj 清洁机清理水沟的精彩案例视频。

图17-1：
Looj清洁机是
打扫水沟的利
器

图片由iRobot公司提供

TIP

Looj 清洁机一般适合清洁 K 型排水沟（最常见的类型）。不过如果你希望确认该设备是否能够清洁自家的排水沟，iRobot 为用户提供了一套 PDF 模版，你可以将该模版打印出来，根据该模版来判断 Looj 清洁机是否适合自己。我个人看来，这种售前服务还是很不错的。

# 17.2 智能伴侣

还记得《摩登家庭》里的机器人 Rosie 么？大部分人可能也曾梦想着成为 R2D2 和 C3PO 的朋友吧？《迷失太空》中机器人（会唱歌和弹吉他）时刻守护着 Will Robinson 博士。几十年以来，随着人工智能的发展，人们不再视机器人为一件工具，很多技术极客甚至将之当作家庭成员。好吧，让我们从自欺欺人的迷梦中面对现实：大部分人，不管极客与否，一定会为拥有一个可以和你说话的智能机器人倍感自豪的。这个想法成为现实的日子比大部分人的预期要早得多。

请允许我向大家介绍 JIBO 机器人（见图 17-2）。

JIBO 机器人是有名的 MIT（麻省理工学院）Cynthia Breazeal 博士的最新科研成果。JIBO 机器人的表现肯定会让你的家人赞不绝口。JIBO 机器人被誉为全球首部家庭机器人，当你看到它时就会发现其中奥妙。JIBO 的功能特性包括以下几个方面。

>> JIBO 机器人内置的摄像头可以识别家庭成员，并与之交流。比如，JIBO 机器人看到你时会提醒你未来的工作日程，当看到你的孩子时，会讲故事给他们听。

» 摄像头还可以让 JIBO 机器人模仿《阿凡达》等电影中的角色说话，这样用户就可以面对面地和电影角色交流了。

» 用户可以在家里的任意位置畅快地和 JIBO 机器人交流。

» JIBO 机器人还有学习能力，随着时间的推移，它能更好地满足你的喜好和需求。

» JIBO 机器人的表现落落大方，不卑不亢。

» JIBOAlive 工具箱可以让用户方便地对该机器人进行深度定制。

» JIBOAlive SDK 可以让开发人员为 JIBO 机器人创造更多实用的特性。

图17-2：
JIBO机器人
是你的家居
良伴

图片由JIBO有限公司提供

上述内容也只是 JIBO 机器人功能特性的冰山一角。JIBO 这款产品拥有在人机交互家庭机器人领域脱颖而出的潜力，你可以前往它的官方网站，了解该产品相关的精彩视频。这些视频很好地阐释了 JIBO 机器人的独创性，以及它给大众生活带来的深远影响。

不过 JIBO 机器人目前唯一的缺点是你只能预订，还不能直接购买。JIBO 机器人在当前的人机实时交互领域可以说是颠覆性的产品。（可以前往官方网站了解该产品的最新资讯和销售日期。）JIBO 机器人在智能家居行业也将引领潮流，对于采用了智能家居产品的家庭来说可谓是锦上添花。

# 17.3 智能饲喂宠物

有时你因为工作需要去外地出差 2、3 天，但是又不能把 Fido 或 Fluffy 带在身边。小毛球想吃东西的时候该怎么办呢？当然，你可以将宠物食品袋撕开，然后把它放在厨房的地板上；或者请邻居的小孩"照看"家里牙尖爪利的小宝贝们。上述选择看起来似乎并不是那么靠谱，那么可以考虑 Petnet 公司的 SmartFeeder 智能喂食器，如图 17-3 所示。

SmartFeeder 喂食器的确物如其名：该设备可以根据用户的预设程序定时定量给你的宠物喂食。用户不必担心自己的爱宠挨饿或者吃得太多。

图17-3：
Petnet公司的
SmartFeeder
喂食器可以方
便地替用户饲
喂宠物

图片由Petnet公司提供

SmartFeeder 智能喂食器的应用 App 如图 17-4 所示。用户通过该应用 App 的仪表板随时随地查看宠物的饮食状况。

» 用户可以使用智能手机、平板电脑和个人电脑方便地访问该应用 App 的仪表板数据。

» 用户可以随时随地设定饲喂宠物的时间和饲料的数量。

» 宠物进食过程开始后，用户会收到通知，当宠物吃完东西之后，用户还可以查看饲料的剩余量。

>> 用户可以精确地监测宠物摄入卡路里的数量，然后和其他同龄的宠物进行对比分析。

也许你对这款产品还有很多疑问（很抱歉，它不能给宠物喂水，该公司研发了另外一款产品专门做这件事），Petnet 公司在其官方网站的疑难解答部分为用户提供了大量的问题解说资料。

家里有多只宠物？每台 SmartFeeder 智能喂食器一次只能饲喂一只宠物，因此也许你需要购买多台设备才能满足需要。好消息是，一个应用 App 可以管理多台喂食器。

图17-4：
SmartFeeder
智能喂食器的
仪表板应用App
可以帮助用户
掌握宠物的饮
食健康状况

图片由Petnet公司提供

# 17.4  智能清理猫砂

介绍完宠物智能喂食器之后，接下来要介绍的设备就是水到渠成的事情了：智能猫马桶。该产品不需要应用 App 或者其他 Web 技术，但是它能够把猫奴们从水生火热的铲屎生活中解救了出来。

### 17.4.1 智能猫马桶

智能宠物护理产品有限公司首先推出了智能猫马桶，然后又推出了智能猫马桶第二代产品。这些智能猫马桶和普通的猫马桶相比真可谓鸟枪换炮。虽然它们不能和用户的 iPhone 或 Android 设备相连，以至于爱猫在如厕时猫奴无法窥视（当然，也有比较重口味的人士甘之如饴），但是它还能让宠物方便时产生的异味和用户的家居环境完全隔绝。智能猫马桶第二代产品如图 17-5 所示。它可以将宠物的排泄物快速清理干净，从而避免污染家居环境。用户唯一要做的事情是及时清空该设备储存宠物粪便的垃圾箱即可。

图17-5：
智能猫马桶第
二代产品可以
替用户清理猫
砂

图片由智能宠物护理产品有限公司提供

### 17.4.2 智能猫厕所

厌倦了清理猫咪粪便？不想购买猫砂？ 如果有这样一台设备，爱猫不仅可以用它如厕，而且它还带自动冲水功能，是不是非常给力呢？

CatGenie 是你想要的答案。CatGenie 是一款自冲洗、自清洁的猫厕所，而且它还可以充分利用猫砂。用户只需要配置好它，就可以高枕无忧了。

CatGenie 猫厕所不同于同类产品的地方就是用户需要给它接一根水管。它可以使用水和消毒液将猫咪的粪便冲走。CatGenie 猫厕所的官方网站提供了一组非常精彩的应用视频，打开该网站主页，然后在"Newsroom"部分，用户可以找到 CatGenie 猫厕所接驳下水管道的教程，你甚至可以直接将猫咪的粪便冲入人使用的马桶里（根据你的卫生间内部马桶构造有所差异）。

这则警告并没有暗示什么，所以不必过分担心。虽然你不再需要购买猫砂，但是你需要保证 CatGenie 猫厕所的清洁自身的清洁剂能够足量供应。CatGenie 猫厕所的发明人 PetNovations 宣称，该产品每年的平均成本远比购买猫砂便宜得多。

# 17.5　智能水池清洁机

iRobot 公司又将在本章粉墨登场了，它的特点是将自己擅长的事情做到极致。这一次，它不是替你清理排水沟，而是替你清洁水池。

任何家里有游泳池的人都应该体会过清理游泳池的郁闷经历。在清洁游泳池上花费的时间、人力、物力都是非常惊人的，它不得不让你梦想着机器人帮你完成这些繁重的清洁工作。

iRobot 公司真的是雪中送炭，想用户之所想。它的 Mirra 机器人是非常完美的清洁水池解决方案，用户只需要将该设备放入游泳池并启动它就可以当甩手掌柜了。你不需要再使用刷子清洗泳池周边的水渍，也不需要使用抄网打捞泳池里的碎屑、毛发以及其他杂物了。使用 Mirra 机器人之后，你只需要及时清空该设备的储存垃圾的储物罐即可。

Mirra 机器人（见图 17-6）能够将用户的游泳池打扫得一尘不染，主要采用了如下技术。

>> iRobot 的 iAdapt Nautiq 感应技术使得 Mirra 机器人可以高效地清洁用户的游泳池，并且对游泳池的尺寸和形状的兼容性也非常好。

>> Mirra 机器人可以清洁所有掩埋式游泳池，不论其表面类型如何。

>> Mirra 机器人的浮动电缆不会发生缠绕。其内置的传感器可以确定在水池中的运动方向。

>> Mirra 机器人每分钟可以过滤 70 加仑水。

>> 用户可以根据需要选购大号的杂物储存罐。

>> 它虽然很小巧，但是还可以爬台阶。

用户可以前往 Mirra 机器人的官方网站了解该产品的详情，该网站还提供了一组非常有趣的视频介绍 Mirra 机器人的具体使用。

图17-6：
Mirra机器人
是智能家居行
业完美的清洁
水池设备

图片由iRobot公司提供

## 17.6　智能咖啡机

任何真正喜欢喝咖啡的人都知道，拥有一台能够将咖啡豆加工成符合自己口味的智能咖啡机之后，幸福感会马上提升一个档次。而且这款咖啡机还支持用户通过智能手机或平板电脑给它下达煮咖啡的任务，是不是很赞呢？

每个咖啡狂热爱好者的厨房里都应该有一台 WeMo 的超级智能酿造咖啡机，这是该咖啡机的全名（为了方便读者阅读和节省油墨纸张，下文简称智能咖啡机）。

智能咖啡机的表现会让你非常满意：用户可以通过智能手机或平板电脑上的 WeMo 应用 App 给它制订煮咖啡的计划。如图 17-7 所示，用户正在用手机给智能咖啡机下达煮咖啡的命令。

和智能咖啡机配套的 WeMo 应用 App 可以实现以往用户无法实现的功能，其中包括：

» 检查智能咖啡机的状态，甚至启动或关闭它；

» 当智能咖啡机煮好咖啡或者完成某项工作时，用户会及时收到通知；

» 为智能咖啡机制订为时一周的工作计划，并可以根据用户作息时间动态调整。

图17-7：
使用WeMo应
用App为智能
咖啡机制订未
来一周的工作
计划来满足日
常所需

图片由Belkin提供

# 17.7 远程启动汽车

我想目前人们能不同程度地对家居环境中的很多东西进行遥控管理。那么汽车也可以这样吗？毕竟它们就像我们的"第二个家"，不是吗？人们白天和车打交道的时间占了日常工作的很大一部分。此外，你把车停放在车库里面，这也意味着车是家居环境的一部分。既然你可以使用一个应用 App 煮咖啡，使用一个应用 App 加热房间，使用一个应用 App 检查烧烤架上的食物等诸如此类的应用，为什么不能使用一个应用 App 来启动汽车呢？

如果你也有上述相似的想法，那么 SmartStart 这款产品应该是专门为你而生的。

SmartStart 是可以将用户的汽车与相关云服务相连的系统，用户可以通过它的应用 App（见图 17-8）启动汽车和追踪汽车行踪。SmartStart 系统的功能包括以下几个方面。

» 解锁或锁定用户的汽车。

» 远程发动汽车。

» 启动或关闭汽车的警报系统。

» 启动汽车的紧急报警装置。

» 远程打开汽车后备箱。

» 支持一个应用 App 可以控制多部车。

» 支持多个用户可以控制一部车。

» 不需要实体钥匙就能打开车门。

图17-8：
SmartStart应
用App可以让
用户随时随地
遥控管理自己
的车辆

图片由DIRECTED公司提供

当然，你的车也许已经内置了部分遥控特性，不过这些功能需要你和车辆在一定距离之内才能生效。对于 SmartStart 来说，只要你的车能够接收到手机信号，就可以随时随地通过该应用 App 管理它。该系统包括如下特性。

» 如果你不幸被锁在车外面了，那么另外一个经过授权的用户可以通过智能手机上的 SmartStart 应用 App 解锁该车辆。

» 在数九寒冬或者挥汗如雨的夏日，在你走出百货超市之前就能启动汽车。

» 你可以掌握刚过驾驶年龄的孩子周末外出的具体行踪。

» 在拥挤的停车场能够方便地定位自己的车辆。

上述该产品的优点还有很多，限于篇幅，就不再赘述了。希望了解该产品的详情，可以前往它的官方网站。该网站提供了适配大部分车型的产品，你甚至可以根据需要定制一款个性化系统产品。

必须要提醒你的是，它的会员服务是按月收费的（你可以根据需要选择不同套餐），因为 SmartStart 的会员增值服务必须通过手机蜂窝网络才能实现，所以会收取一定的费用。

还可以选购 SmartStart 的 GPS 会员增值服务，它可以让用户实时定位自己的车辆，设置限速警告，进入特定区域后及时收到通知等。

## 17.8 智能冲水马桶

智能家居环境中如果少了它，那么将会是残缺不全的，我想你应该知道我将要说什么了。

智能冲水马桶，没错，我要去方便一下了。

对于成年人来说，出于礼貌，我们对这个话题最好缄口不言。

当然，不用在如厕时担心马桶冲水的问题应该是很多人梦寐以求的事情，不是吗？无法想象这样一个创造性的发明为什么没有排在火、轮子等和生活相关的发明之前。不知道读者的情况如何，我个人感觉每次按下马桶旁边的冲水按钮时都感觉在浪费生命！简直太麻烦了！

好了，玩笑就不继续了。第一次提出智能冲水马桶的概念听上去感觉有些傻，不过实际上是一个非常棒的想法。下面是智能冲水马桶值得购买的几个原因。

» 如果去问问你的妈妈，那么单就保洁方面的考虑就足够了。

» 家里有小孩的家庭都知道给马桶冲水的次数非常频繁，更别提会经常忘了冲水。

» 任何成年人（不管他多大）都知道给马桶冲水的工作并不简单，更别提经常忘了冲水。

现在，请读者中的已婚女性注意了，我要向你隆重推荐 Rubbermaid 公司的智能冲水马桶。该智能冲水马桶（见图 17-9）可以很方便地安装在大部分采用标准水箱的家居卫生间里。该产品的优点如下。

» 电池续航时间长达 3 年或者 10 万次冲洗（女士们、先生们，这可是非常给力的）。

» 有以下 3 种工作模式可供用户选择。

● 目标识别，这意味着当检测到人离开时，它会自动给马桶冲水。

● 目标延迟识别，这意味着当检测到人离开之时，它会等几秒之后自动给马桶冲水（为了避免引起不必要的惊吓）。

● 手势识别，这意味着只有当人在马桶后面墙壁上的传感器前面挥动手掌后，它才会自动给马桶冲水。

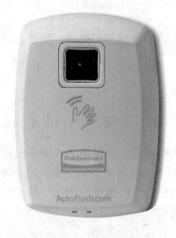

图17-9：
智能冲水马桶
的传感器安装
在后面的墙壁
上，方便识别
用户动作

希望了解这个"将人类文明推进了一大步"的产品，可以前往它的官方网站。在该网站页面右上角的搜索框中输入"autoflush tank"关键字，用户就可以看到该产品的相关信息了。顺便说一句，不要被 Rubbermaid 对它的产品定位迷惑了，它在家居环境中的表现也非常出色。

建议你去 Amazon 上搜索 "Rubbermaid Auto Flush Tank"，Amazon 也销售这款产品，你还可以查看其他顾客的产品评论，销售价格也非常有竞争力。

## 17.9　智能窗帘

我们都在科幻电影中看到过这样的场景，影片中的人物挥挥手或者说句话就可以打开或者关闭窗帘来调节室内的照明环境，而现实生活中，我们回到家只能看着家具的黑影暗自发呆。"为什么你不可以这么做呢？"，你会欣喜地发现这些事情是可能的。

Hunter Douglas 这家公司以生产、销售百叶窗和窗帘闻名于世。我也非常荣幸能够向你推荐这家公司的产品。Hunter Douglas 研发了一款系统产品，它可以通过用户的 iOS 或 Android 设备设定用户喜欢的室内光照场景。它的应用 App 叫 Platinum，它结合了 Platinum 应用 App 适配器和 Platinum 中继器，以及一系列 Hunter Douglas 电动百叶窗和窗帘协同工作。

Platinum 应用 App 适配器在你的 iOS 或 Android 设备与电动百叶窗或窗帘之间扮演的是通信集线器的角色。Platinum 中继器可以增强应用 App 适配器的信号强度，使其能够覆盖整个家居环境（Hunter Douglas 建议用户希望控制百叶窗或者窗帘的话，最好每个房间都配备一个中继器）。该应用 App 如图 17-10 所示，用户可以控制家里的所有 Hunter Douglas 电动百叶窗或窗帘。

下面是一些使用 Platinum 应用 App 管理自家的百叶窗或窗帘的好处。

>> 户外温度较高时，系统自动放下窗帘，确保用户外出时室内凉爽舒适，当白天户外温度较低时，自动打开窗帘，让阳光照射进来，有助于室内保温。我想你一定会对它发出"经济又环保！"的赞叹的。

>> 根据特定时段设定不同的场景自动升降窗帘，调节室内照明环境。

>> 用户可以随时随地升降自家的窗帘，不需要待在家里才能实现上述操作。

图17-10：
用户可以
随时随地
通过Hunter
Douglas的
Platinum应用
App管理自家
的电动窗帘或
百叶窗

图片由Hunter Douglas提供

在介绍该应用 App 的网页上。

» 可以在 FAQ 页面找到常见的疑难解答信息。

» 可以了解该产品兼容的百叶窗或窗帘类型。

» 可以查找本地的 Hunter Douglas 专卖店地址。

TIP

该应用 App 程序很大，几乎有 100 MB 了，因此如果在你的 iOS 或 Android 设备上下载的时间稍长也不必过分担心。当然，下载时间取决于你的网速。

## 17.10　智能加湿器

家居环境的湿度非常重要，任何使用燃气供暖或者居住在气候比较干燥的地区的家庭都对此深有体会。如果你和我一样，对家居环境中空气湿度的变化非常敏感，那么加湿器就是家居必备的设施了，如果有可以自动调节空气湿度的设备，那就更好了。

Holmes 公司推出了一款加湿器产品，用户可以轻松地使用 iOS 或 Android 上的应用 App 管理它。兼容 WeMo 的 Holmes 整体式家居智能加湿器可以帮助用户方便地管理家居空气湿度。用户需要做的只是根据提示运行 WeMo 应用 App 即可（当然，你需要事先查询加湿器的相关内容），用户非常省心，它的优点如下。

» 当智能加湿器中水箱的水量过低时，用户会及时收到通知。

» 自动检查过滤器的使用寿命，因此用户可以及时更换过滤器。用户甚至可以通过应用 App 订购过滤器。

» 可以将整个室内家居环境调节到一个舒适的水平。

» 可以根据需要为智能加湿器设定工作计划。

» 预设空气湿度水平数值，系统会自动保持这一状态。

前往 Holmes 网站了解该产品的详情，参见图 17-11。

Holmes 网站提供了 3 个视频，它们详细阐释了该产品的工作机理和实际应用效果。

图17-11：
Holmes的智能加湿器可以保证用户的家居环境处于非常舒适的湿度水平

图片由Belkin提供

# 欢迎来到异步社区！

## 异步社区的来历

异步社区（www.epubit.com.cn）是人民邮电出版社旗下 IT 专业图书旗舰社区，于 2015 年 8 月上线运营。

异步社区依托于人民邮电出版社 20 余年的 IT 专业优质出版资源和编辑策划团队，打造传统出版与电子出版和自出版结合、纸质书与电子书结合、传统印刷与 POD 按需印刷结合的出版平台，提供最新技术资讯，为作者和读者打造交流互动的平台。

## 社区里都有什么？

### 购买图书

我们出版的图书涵盖主流 IT 技术，在编程语言、Web 技术、数据科学等领域有众多经典畅销图书。社区现已上线图书 1000 余种，电子书 400 多种，部分新书实现纸书、电子书同步出版。我们还会定期发布新书书讯。

### 下载资源

社区内提供随书附赠的资源，如书中的案例或程序源代码。

另外，社区还提供了大量的免费电子书，只要注册成为社区用户就可以免费下载。

### 与作译者互动

很多图书的作译者已经入驻社区，您可以关注他们，咨询技术问题；可以阅读不断更新的技术文章，听作译者和编辑畅聊好书背后有趣的故事；还可以参与社区的作者访谈栏目，向您关注的作者提出采访题目。

## 灵活优惠的购书

您可以方便地下单购买纸质图书或电子图书，纸质图书直接从人民邮电出版社书库发货，电子书提供多种阅读格式。

对于重磅新书，社区提供预售和新书首发服务，用户可以第一时间买到心仪的新书。

用户账户中的积分可以用于购书优惠。100 积分 =1元，购买图书时，在 ⌈ 0 ⌉ 使用积分 里填入可使用的积分数值，即可扣减相应金额。

# 特 别 优 惠

购买本书的读者专享异步社区购书优惠券。

使用方法：注册成为社区用户，在下单购书时输入 S4XC5 使用优惠码 ，然后点击"使用优惠码"，即可在原折扣基础上享受全单9折优惠。（订单满39元即可使用，本优惠券只可使用一次）

## 纸电图书组合购买

社区独家提供纸质图书和电子书组合购买方式，价格优惠，一次购买，多种阅读选择。

## 社区里还可以做什么？

### 提交勘误

您可以在图书页面下方提交勘误，每条勘误被确认后可以获得 100 积分。热心勘误的读者还有机会参与书稿的审校和翻译工作。

### 写作

社区提供基于 Markdown 的写作环境，喜欢写作的您可以在此一试身手，在社区里分享您的技术心得和读书体会，更可以体验自出版的乐趣，轻松实现出版的梦想。

如果成为社区认证作译者，还可以享受异步社区提供的作者专享特色服务。

### 会议活动早知道

您可以掌握 IT 圈的技术会议资讯，更有机会免费获赠大会门票。

## 加入异步

扫描任意二维码都能找到我们：

异步社区

微信服务号

微信订阅号

官方微博

QQ 群：436746675

社区网址：www.epubit.com.cn

投稿 & 咨询：contact@epubit.com.cn